정답은 EBS 초등사이트(primary.ebs.co.kr)에서 다운로드 받으실 수 있습니다.

교재 내용 문의 교재 내용 문의는 EBS 초등사이트 (primary.ebs.co.kr)의 교재 Q&A 서비스를 활용하시기 바랍니다.

교재 정오표 공지 발행 이후 발견된 정오 사항을 EBS 초등사이트 정오표 코너에서 알려 드립니다.
교재 검색 ▶ 교재 선택 ▶ 정오표

교재 정정 신청 공지된 정오 내용 외에 발견된 정오 사항이 있다면 EBS 초등사이트를 통해 알려 주세요.
교재 검색 ▶ 교재 선택 ▶ 교재 Q&A

만점왕
연산
3단계
초등 2학년 권장

만점왕 연산을 선택한

친구들과 학부모님께!

연산은 수학을 공부하는 데 기본이 되는 **수학의 기초 학습**입니다.

어려운 사고력 문제를 풀 수 있는 학생도 정확하고 빠른 속도의 연산 실력이 부족하다면 높은 수학 점수를 받을 수 없습니다.

정해진 시간 안에 문제를 풀어야 하는데 기초 연산 문제에서 시간을 다 소비하고 나면 정작 사고력이 필요한 문제를 풀 시간이 없게 되기 때문입니다.

이처럼 연산은 매우 중요하지만 한 번에 길러지는 게 아니라 **꾸준히 학습해야** 합니다. 하지만 연산을 기계적으로 반복하기만 하면 사고의 폭을 제한할 수 있으므로 올바른 방법으로 학습해야 합니다.

처음 연산을 시작하는 학생에게는 연산의 정확성과 속도를 높이는 것이 중요하므로 수학의 개념과 원리를 바탕으로 한 충분한 훈련을 통해 연산 능력을 키워야 합니다.

만점왕 연산은 바로 이런 올바른 연산 공부를 위해 만들어진 책입니다.

만점왕 연산의

특징은 무엇인가요?

만점왕 연산은 수학 교과 내용 중 수와 연산, 규칙성 단원을 반영하여 학교 진도에 맞추어 연산 공부를 하기 좋게 만든 책입니다.

누구나 한 번쯤 해 봤을 연산 교재와는 차별화하여 매일 2쪽씩 부담없이 자기 학년 과정을 꾸준히 공부할 수 있는 교재입니다.

만점왕 연산의 특징은 학교에서 배우는 수학 공부와 병행할 수 있도록 수학의 가장 기초가 되는 연산을 부담없이 매일 학습이 가능하도록 구성하였다는 점입니다.

만점왕 연산은 총 몇 단계로 구성되어 있나요?

취학 전 예비 초등학생을 위한 **예비 2단계**와 **초등 12단계**를 합하여 총 **14단계**로 구성되어 있습니다.

한 단계는 한 학기를 기준으로 구성하였기 때문에 초등 입학 전 예비 초등 1, 2단계를 마친 다음에는 1학년부터 6학년까지 총 12학기 동안 꾸준히 학습할 수 있습니다.

단계	Pre ❶단계	Pre ❷단계	❶단계	❷단계	❸단계	❹단계	❺단계
	취학 전 (만 6세부터)	취학 전 (만 6세부터)	초등 1-1	초등 1-2	초등 2-1	초등 2-2	초등 3-1
분량	10차시	10차시	8차시	12차시	12차시	8차시	10차시

단계	❻단계	❼단계	❽단계	❾단계	❿단계	⓫단계	⓬단계
	초등 3-2	초등 4-1	초등 4-2	초등 5-1	초등 5-2	초등 6-1	초등 6-2
분량	10차시	10차시	10차시	10차시	10차시	10차시	10차시

5일차 학습을 하루에 다 풀어도 되나요?

연산은 한 번에 많이 푸는 것이 아니라 매일 꾸준히, 그리고 점차 난도를 높여 가며 풀어야 실력이 향상됩니다.

만점왕 연산 교재로 **월요일부터 금요일까지 하루에 2쪽씩** 학교 수학 진도와 병행하여 푸는 것이 가장 좋습니다.

만점왕 연산

구성

❶ 연산 학습목표 이해하기 → ❷ 원리 깨치기 → ❸ 연산력 키우기 5일 학습

3단계 학습으로 체계적인 연산 능력을 기르고 규칙적인 공부 습관을 쌓을 수 있습니다.

1 연산 학습목표 이해하기

학습하기 전!
단원 도입을 보면서 흥미를 가져요.

학습목표

각 차시별 구체적인 학습 목표를 제시하였어요. 친절한 설명글은 차시에 대한 이해를 돕고 친구들에게 학습에 대한 의욕을 북돋워 줘요.

2 원리 깨치기

원리 깨치기만 보면
계산 원리가 보여요.

원리 깨치기

수학 교과서 내용을 바탕으로 계산 원리를 알기 쉽게 정리하였어요. 특히 [원리 깨치기] 속 **연산Key**는 핵심 계산 원리를 한 눈에 보여 주고 있어요.

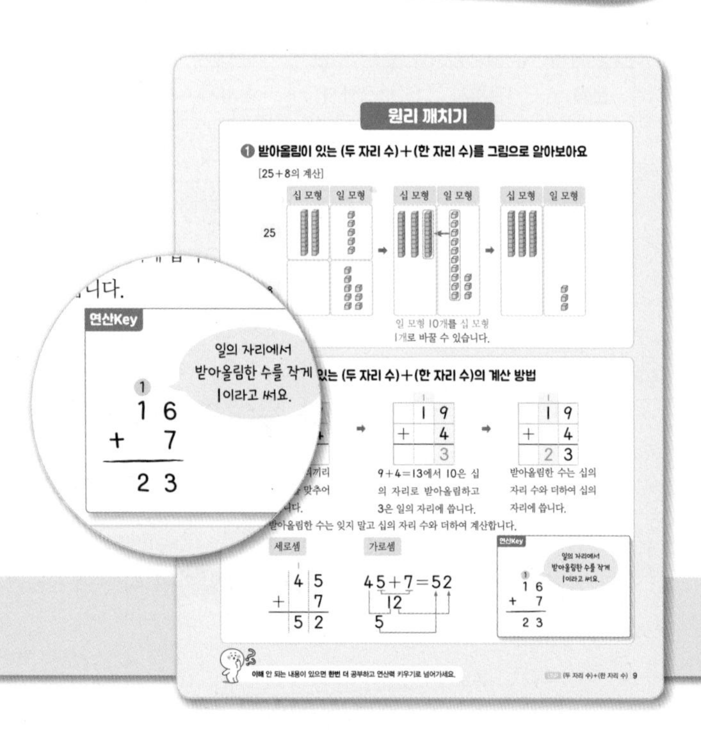

연산Key

각 일차 연산 문제를 풀기 전,
연산Key를 먼저 확인하고
계산 원리와 방법을
스스로 이해해요.

힌트

각 일차 오른쪽 상단의 힌트를 읽으면
문제를 풀 때 도움이 돼요.

학습 점검

학습 날짜, 걸린 시간, 맞은 개수를 매일 체크하여
학습 진행 과정을 스스로 관리할 수 있도록 하였어요.

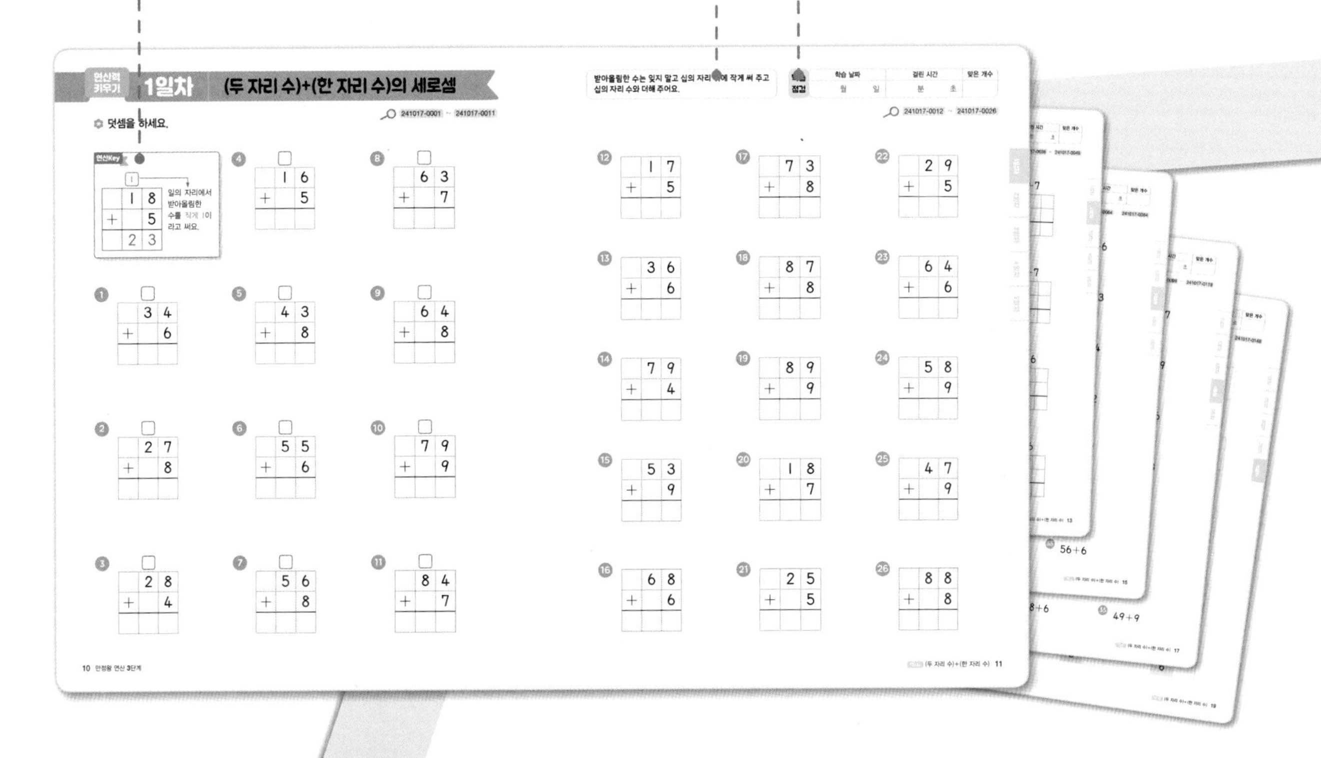

3 연산력 키우기

5일 학습

1~5일차 연산력 키우기로 연산 능력을 쑥쑥 길러요.

연산력 키우기 학습에 앞서
원리 깨치기를 반드시 학습하여
계산 원리를 충분히 이해해요.

인공지능 DANCHOQ 푸리봇 문|제|검|색

EBS 초등사이트와 **EBS 초등 APP** 하단의 **AI 학습도우미 푸리봇**을 통해 문항코드를 검색하면 푸리봇이 해당 문제의 해설 강의를 찾아 줍니다.

* 효과적인 연산 학습을 위하여 차시별 대표 문항 풀이 강의를 제공합니다.
* 강의에서 다루어지지 않은 문항은 문항코드 검색 시 풀이 방법을 학습할 수 있는 대표 문항 풀이로 연결됩니다.

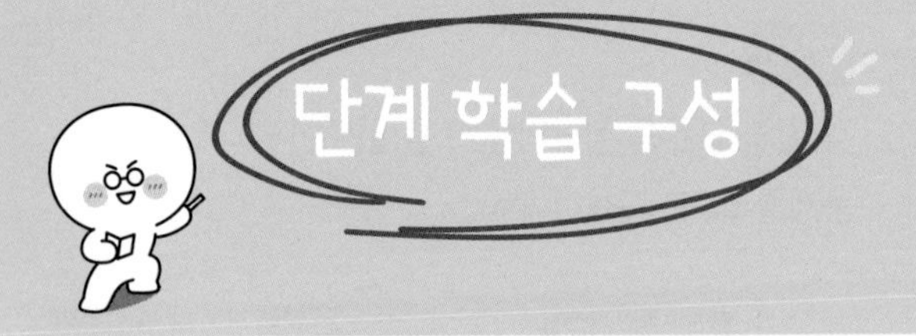

초등 1학년

1단계

연산 1차시 2~6까지의 수 모으기와 가르기
연산 2차시 7~9까지의 수 모으기와 가르기
연산 3차시 합이 9까지인 덧셈(1)
연산 4차시 합이 9까지인 덧셈(2)
연산 5차시 차가 8까지인 뺄셈(1)
연산 6차시 차가 8까지인 뺄셈(2)
연산 7차시 0을 더하거나 빼기
연산 8차시 덧셈, 뺄셈 규칙으로 계산하기

2단계

연산 1차시 (몇십)+(몇), (몇십몇)+(몇)
연산 2차시 (몇십)+(몇십), (몇십몇)+(몇십몇)
연산 3차시 (몇십몇)−(몇)
연산 4차시 (몇십)−(몇십), (몇십몇)−(몇십몇)
연산 5차시 세 수의 덧셈과 뺄셈
연산 6차시 이어 세기로 두 수 더하기
연산 7차시 10이 되는 덧셈식, 10에서 빼는 뺄셈식
연산 8차시 10을 만들어 더하기
연산 9차시 10을 이용하여 모으기와 가르기
연산 10차시 (몇)+(몇)=(십몇)
연산 11차시 (십몇)−(몇)=(몇)
연산 12차시 덧셈, 뺄셈 규칙으로 계산하기

초등 2학년

3단계

연산 1차시 (두 자리 수)+(한 자리 수)
연산 2차시 (두 자리 수)+(두 자리 수)
연산 3차시 여러 가지 방법으로 덧셈하기
연산 4차시 (두 자리 수)−(한 자리 수)
연산 5차시 (두 자리 수)−(두 자리 수)
연산 6차시 여러 가지 방법으로 뺄셈하기
연산 7차시 덧셈과 뺄셈의 관계를 식으로 나타내기
연산 8차시 □의 값 구하기
연산 9차시 세 수의 계산
연산 10차시 여러 가지 방법으로 세기
연산 11차시 곱셈식 알아보기
연산 12차시 곱셈식으로 나타내기

4단계

연산 1차시 2단, 5단 곱셈구구
연산 2차시 3단, 6단 곱셈구구
연산 3차시 2, 3, 5, 6단 곱셈구구
연산 4차시 4단, 8단 곱셈구구
연산 5차시 7단, 9단 곱셈구구
연산 6차시 4, 7, 8, 9단 곱셈구구
연산 7차시 1단, 0의 곱, 곱셈표
연산 8차시 곱셈구구의 완성

초등 3학년

5단계

연산 1차시 세 자리 수의 덧셈(1)
연산 2차시 세 자리 수의 덧셈(2)
연산 3차시 세 자리 수의 뺄셈(1)
연산 4차시 세 자리 수의 뺄셈(2)
연산 5차시 (두 자리 수)÷(한 자리 수)(1)
연산 6차시 (두 자리 수)÷(한 자리 수)(2)
연산 7차시 (두 자리 수)×(한 자리 수)(1)
연산 8차시 (두 자리 수)×(한 자리 수)(2)
연산 9차시 (두 자리 수)×(한 자리 수)(3)
연산 10차시 (두 자리 수)×(한 자리 수)(4)

6단계

연산 1차시 (세 자리 수)×(한 자리 수)(1)
연산 2차시 (세 자리 수)×(한 자리 수)(2)
연산 3차시 (두 자리 수)×(두 자리 수)(1), (한 자리 수)×(두 자리 수)
연산 4차시 (두 자리 수)×(두 자리 수)(2)
연산 5차시 (두 자리 수)÷(한 자리 수)(1)
연산 6차시 (두 자리 수)÷(한 자리 수)(2)
연산 7차시 (세 자리 수)÷(한 자리 수)(1)
연산 8차시 (세 자리 수)÷(한 자리 수)(2)
연산 9차시 분수
연산 10차시 여러 가지 분수, 분수의 크기 비교

차 례

연산 1차시

(두 자리 수)+(한 자리 수)

학습목표

❶ 받아올림이 있는 (두 자리 수)+(한 자리 수)의 계산 익히기

일의 자리의 수끼리 더했더니 10보다 커졌어.
그럼 어떻게 계산을 하지?
받아올림을 잘하면 어떤 덧셈도 쉽게 할 수 있어!
자, 그럼 받아올림이 있는 덧셈을 공부해 보자.

원리 깨치기

① 받아올림이 있는 (두 자리 수)+(한 자리 수)를 그림으로 알아보아요

[25+8의 계산]

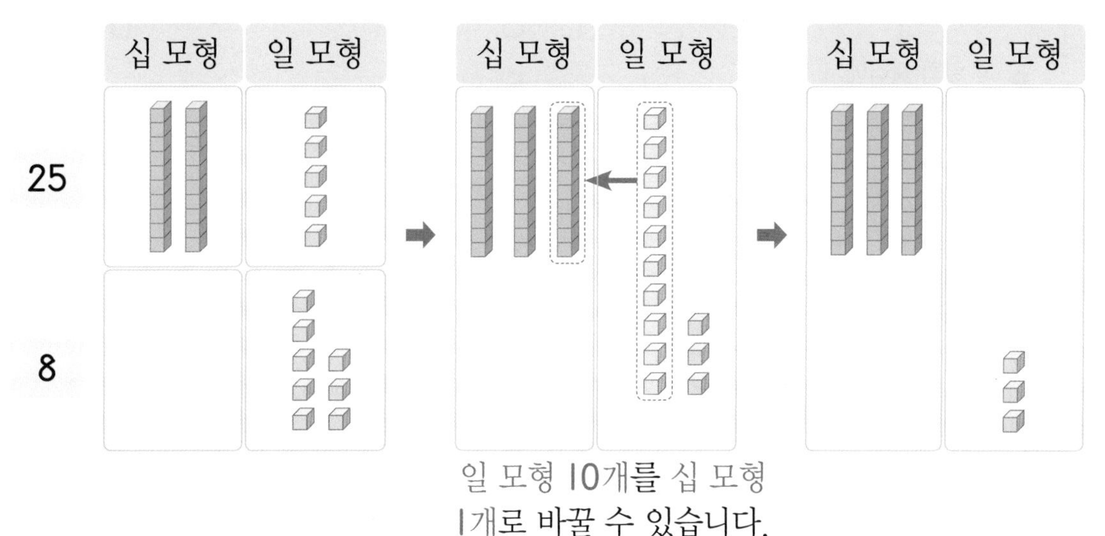

일 모형 10개를 십 모형 1개로 바꿀 수 있습니다.

② 받아올림이 있는 (두 자리 수)+(한 자리 수)의 계산 방법

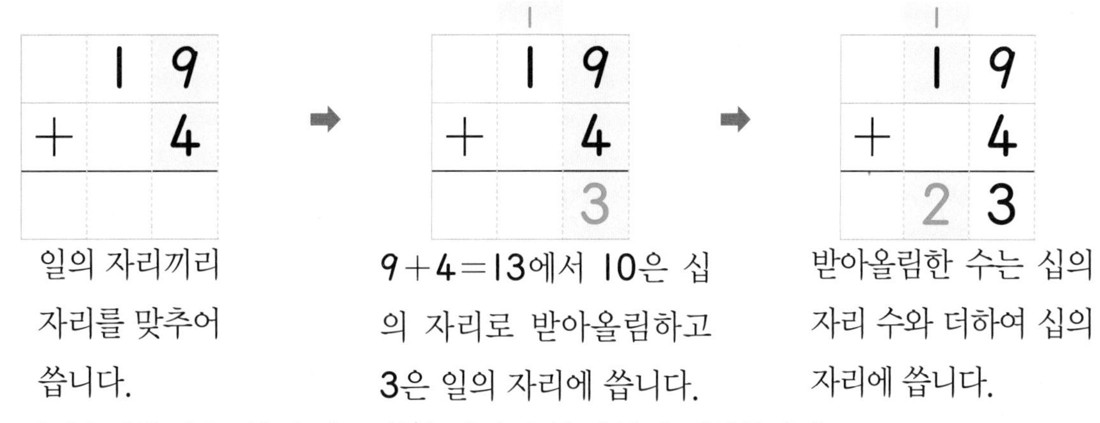

일의 자리끼리 자리를 맞추어 씁니다.

9+4=13에서 10은 십의 자리로 받아올림하고 3은 일의 자리에 씁니다.

받아올림한 수는 십의 자리 수와 더하여 십의 자리에 씁니다.

• 받아올림한 수는 잊지 말고 십의 자리 수와 더하여 계산합니다.

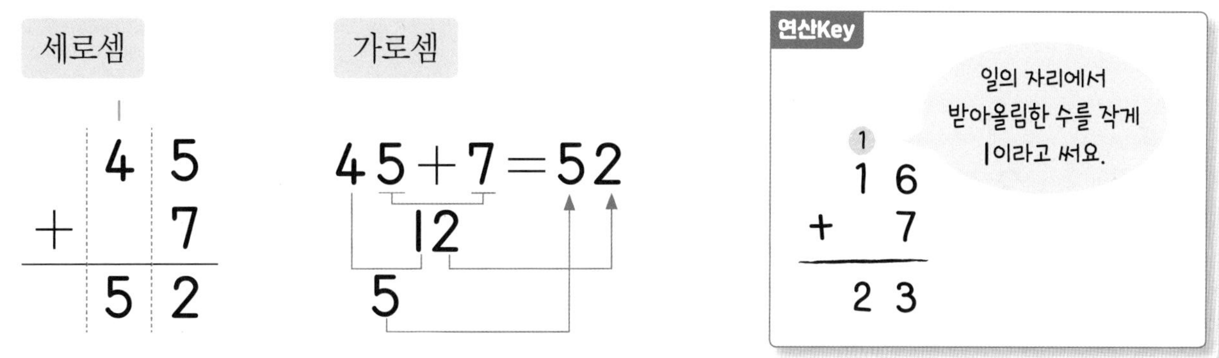

이해 안 되는 내용이 있으면 한번 더 공부하고 연산력 키우기로 넘어가세요.

(두 자리 수)+(한 자리 수)의 세로셈

241017-0001 ~ 241017-0011

✽ 덧셈을 하세요.

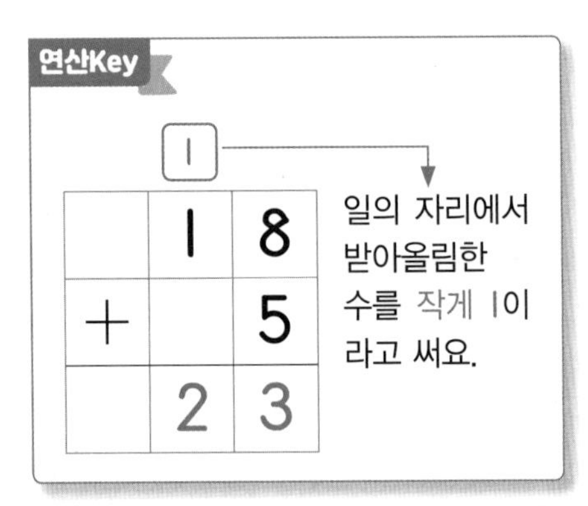

1

	3	4
+		6

2

	2	7
+		8

3

	2	8
+		4

4

	1	6
+		5

5

	4	3
+		8

6

	5	5
+		6

7

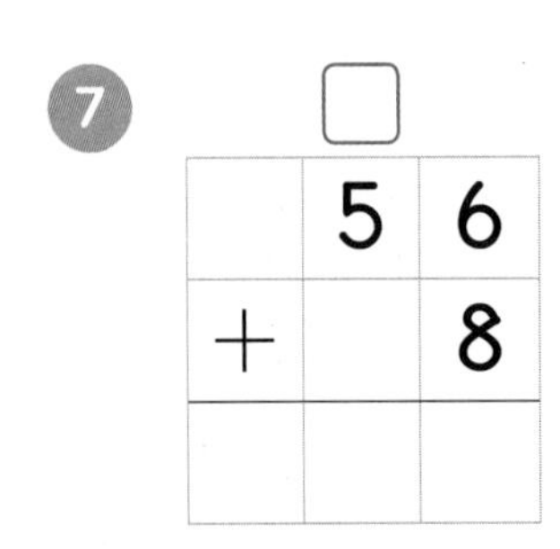

	5	6
+		8

8

	6	3
+		7

9

	6	4
+		8

10

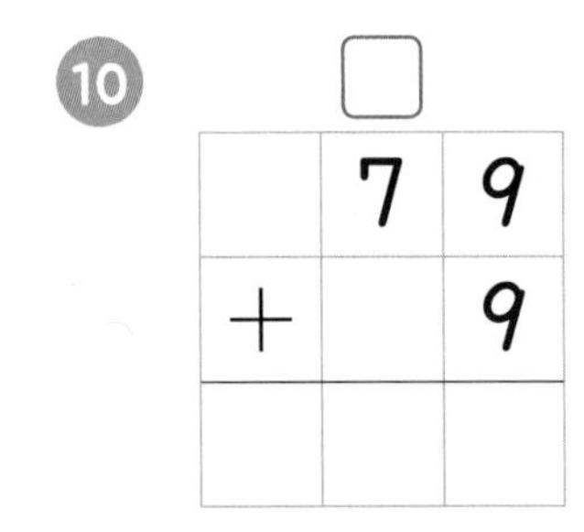

	7	9
+		9

11

	8	4
+		7

받아올림한 수는 잊지 말고 십의 자리 위에 작게 써 주고 십의 자리 수와 더해 주어요.

학습 점검	학습 날짜		걸린 시간		맞은 개수
	월	일	분	초	

241017-0012 ~ 241017-0026

⑫

	1	7
+		5

⑬

	3	6
+		6

⑭

	7	9
+		4

⑮

	5	3
+		9

⑯

	6	8
+		6

⑰

	7	3
+		8

⑱

	8	7
+		8

⑲

	8	9
+		9

⑳

	1	8
+		7

㉑

	2	5
+		5

㉒

	2	9
+		5

㉓

	6	4
+		6

㉔

	5	8
+		9

㉕

	4	7
+		9

㉖

	8	8
+		8

연산력 키우기 **2일차** (두 자리 수)+(한 자리 수)의 가로셈

241017-0027 ~ 241017-0037

가로셈을 세로셈으로 바꾸어 계산해 보세요.

연산Key

28+7

가로셈을 세로셈으로 나타내어 계산해요.

	2	8
+		7
	3	5

(받아올림 1)

1. 15+9
2. 19+3
3. 36+5
4. 68+4
5. 75+7
6. 81+9
7. 67+7
8. 74+9
9. 48+8
10. 49+2
11. 39+6

가로셈도 세로셈과 같은 방법으로 계산할 수 있어요.

학습 점검	학습 날짜	걸린 시간	맞은 개수
	월 일	분 초	

241017-0038 ~ 241017-0049

⑫ $13+7$

⑬ $69+9$

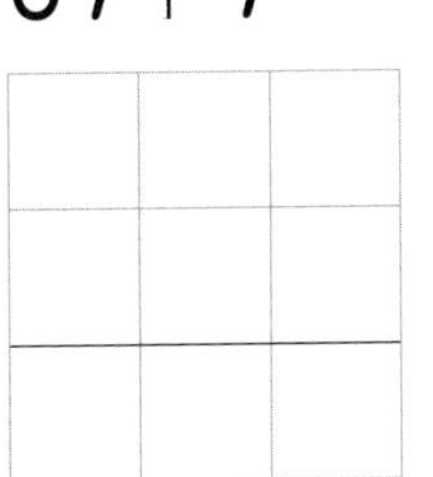

⑭ $25+9$

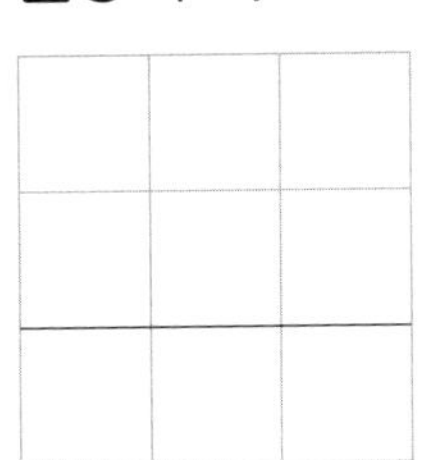

⑮ $45+8$

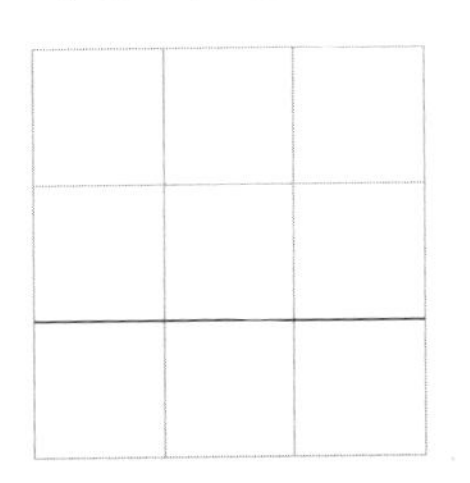

⑯ $79+6$

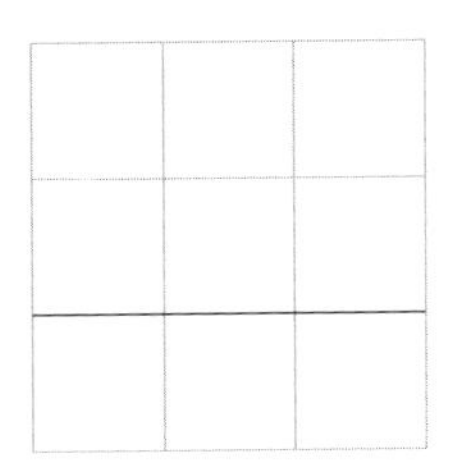

⑰ $34+8$

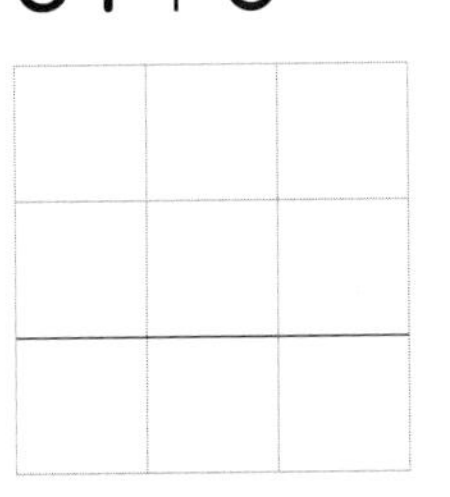

⑱ $29+8$

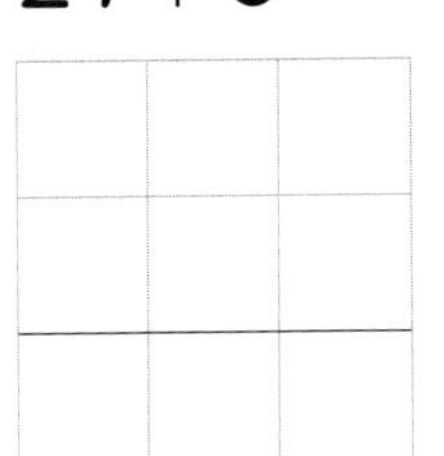

⑲ $59+9$

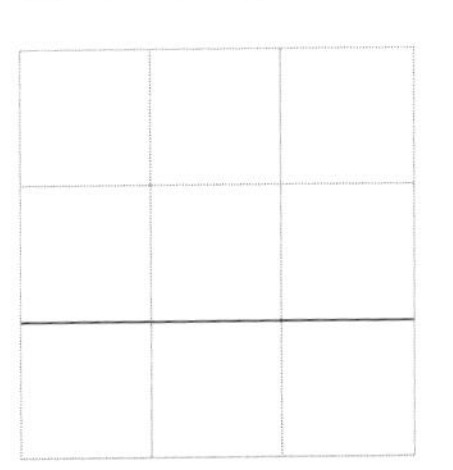

⑳ $19+7$

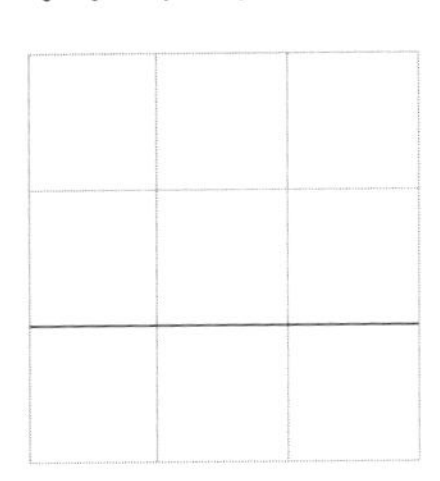

㉑ $47+7$

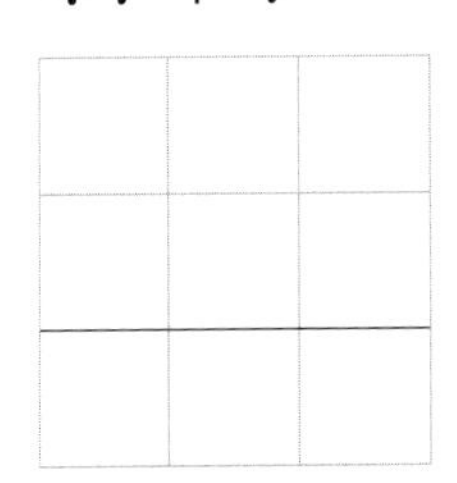

㉒ $38+6$

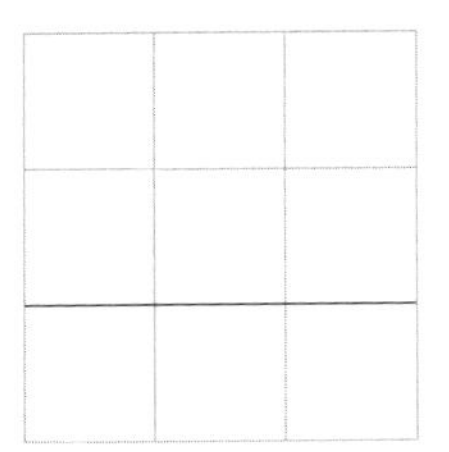

㉓ $85+6$

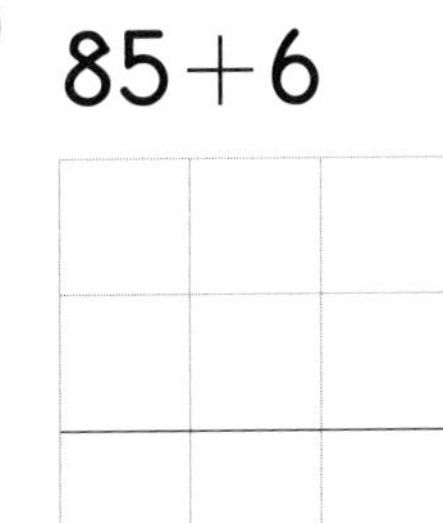

3일차 (두 자리 수)+(한 자리 수) (1)

241017-0050 ~ 241017-0063

덧셈을 하세요.

연산Key

$$\begin{array}{r} {}^{1} \\ 59 \\ +\ 8 \\ \hline 67 \end{array}$$

1. $$\begin{array}{r} 12 \\ +\ 9 \\ \hline \end{array}$$

2. $$\begin{array}{r} 26 \\ +\ 9 \\ \hline \end{array}$$

3. $$\begin{array}{r} 37 \\ +\ 6 \\ \hline \end{array}$$

4. $$\begin{array}{r} 69 \\ +\ 7 \\ \hline \end{array}$$

5. $$\begin{array}{r} 69 \\ +\ 5 \\ \hline \end{array}$$

6. $$\begin{array}{r} 71 \\ +\ 9 \\ \hline \end{array}$$

7. $$\begin{array}{r} 29 \\ +\ 4 \\ \hline \end{array}$$

8. $$\begin{array}{r} 48 \\ +\ 5 \\ \hline \end{array}$$

9. $$\begin{array}{r} 87 \\ +\ 9 \\ \hline \end{array}$$

10. $$\begin{array}{r} 57 \\ +\ 5 \\ \hline \end{array}$$

11. $$\begin{array}{r} 17 \\ +\ 8 \\ \hline \end{array}$$

12. $$\begin{array}{r} 87 \\ +\ 4 \\ \hline \end{array}$$

13. $$\begin{array}{r} 49 \\ +\ 5 \\ \hline \end{array}$$

14. $$\begin{array}{r} 55 \\ +\ 5 \\ \hline \end{array}$$

일의 자리 수끼리 더해서 10과 같거나 크면 십의 자리로 받아올림해요.

학습 점검	학습 날짜	걸린 시간	맞은 개수
	월 일	분 초	

241017-0064 ~ 241017-0084

15 $19+5$

16 $25+7$

17 $25+8$

18 $32+9$

19 $57+7$

20 $28+3$

21 $35+8$

22 $36+9$

23 $63+9$

24 $58+9$

25 $58+7$

26 $46+8$

27 $68+7$

28 $83+7$

29 $67+6$

30 $78+3$

31 $88+4$

32 $69+2$

33 $24+7$

34 $39+9$

35 $56+6$

연산력 키우기 4일차

(두 자리 수)+(한 자리 수) (2)

241017-0085 ~ 241017-0098

덧셈을 하세요.

연산Key

$$\begin{array}{r} \overset{1}{4}\,6 \\ +\ \ 5 \\ \hline 5\,1 \end{array}$$

① $\begin{array}{r} 37 \\ +\ 8 \\ \hline \end{array}$

② $\begin{array}{r} 18 \\ +\ 3 \\ \hline \end{array}$

③ $\begin{array}{r} 75 \\ +\ 5 \\ \hline \end{array}$

④ $\begin{array}{r} 83 \\ +\ 9 \\ \hline \end{array}$

⑤ $\begin{array}{r} 35 \\ +\ 7 \\ \hline \end{array}$

⑥ $\begin{array}{r} 45 \\ +\ 9 \\ \hline \end{array}$

⑦ $\begin{array}{r} 38 \\ +\ 8 \\ \hline \end{array}$

⑧ $\begin{array}{r} 87 \\ +\ 6 \\ \hline \end{array}$

⑨ $\begin{array}{r} 48 \\ +\ 9 \\ \hline \end{array}$

⑩ $\begin{array}{r} 29 \\ +\ 9 \\ \hline \end{array}$

⑪ $\begin{array}{r} 17 \\ +\ 6 \\ \hline \end{array}$

⑫ $\begin{array}{r} 84 \\ +\ 6 \\ \hline \end{array}$

⑬ $\begin{array}{r} 75 \\ +\ 6 \\ \hline \end{array}$

⑭ $\begin{array}{r} 36 \\ +\ 8 \\ \hline \end{array}$

받아올림을 잘 생각하여 덧셈을 해요.

학습 점검	학습 날짜	걸린 시간	맞은 개수
	월 일	분 초	

241017-0099 ~ 241017-0119

⑮ $45+9$

⑯ $19+8$

⑰ $65+9$

⑱ $88+3$

⑲ $55+8$

⑳ $78+8$

㉑ $38+7$

㉒ $22+8$

㉓ $75+8$

㉔ $77+8$

㉕ $89+7$

㉖ $49+8$

㉗ $63+8$

㉘ $58+6$

㉙ $79+7$

㉚ $54+9$

㉛ $89+6$

㉜ $69+3$

㉝ $35+5$

㉞ $26+5$

㉟ $49+9$

5일차 (두 자리 수)+(한 자리 수) (3)

241017-0120 ~ 241017-0133

두 수의 합을 빈칸에 써넣으세요.

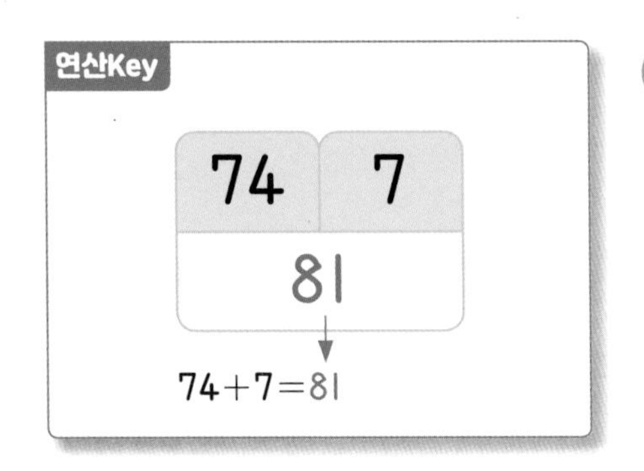

5

86	8

10

39	5

1

28	7

6

24	8

11

65	8

2

34	9

7

48	6

12

37	3

3

55	7

8

58	8

13

42	9

4

28	9

9

16	9

14

61	9

받아올림을 먼저 계산하고 빈칸에 두 수의 합을 넣어요.

학습 점검	학습 날짜		걸린 시간		맞은 개수
	월	일	분	초	

241017-0134 ~ 241017-0148

⑮

14	
7	

⑯

89	
7	

⑰

55	
9	

⑱

46	
6	

⑲

56	
7	

⑳

16	
6	

㉑

27	
5	

㉒

38	
5	

㉓

57	
7	

㉔

68	
8	

㉕

25	
6	

㉖

68	
9	

㉗

51	
9	

㉘

34	
7	

㉙

79	
6	

연산 2차시

(두 자리 수)+(두 자리 수)

학습목표

❶ 일의 자리에서 받아올림이 있는
(두 자리 수)+(두 자리 수)의 계산 익히기

❷ 십의 자리에서 받아올림이 있는
(두 자리 수)+(두 자리 수)의 계산 익히기

십의 자리의 수끼리 더한 수가 10보다 커졌어. 백의 자리로 올리면 되나?
그럼 일의 자리와 십의 자리에서 모두 받아올림이 있을 땐 어떻게 하지?
자, 그럼 받아올림이 있는 두 자리 수끼리의 덧셈을 공부해 보자.

원리 깨치기

❶ 일의 자리에서 받아올림이 있는 (두 자리 수)+(두 자리 수)

[27+16의 계산]

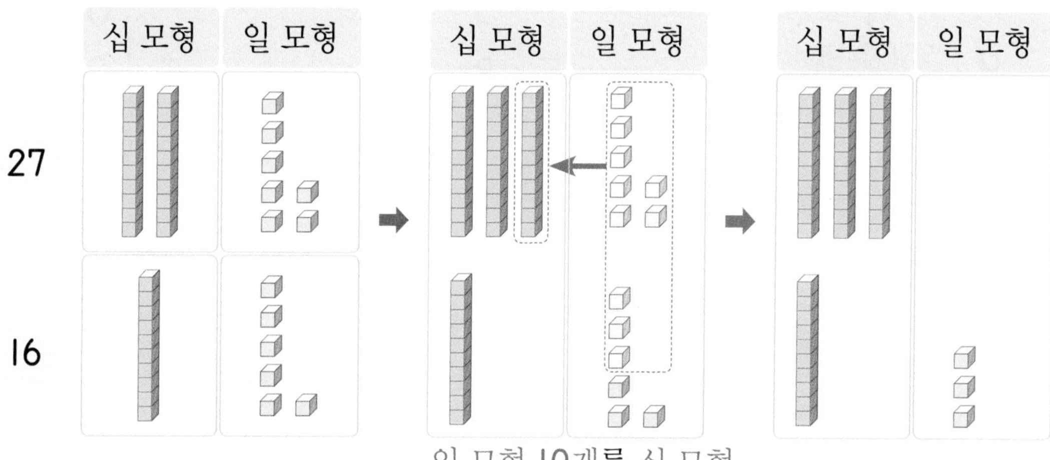

일 모형 10개를 십 모형 1개로 바꿀 수 있습니다.

	2	7
+	1	6

➡

	1	
	2	7
+	1	6
		3

➡

	1	
	2	7
+	1	6
	4	3

• 일의 자리 수끼리 더해서 10과 같거나 크면 십의 자리로 받아올림합니다.

❷ 십의 자리에서 받아올림이 있는 (두 자리 수)+(두 자리 수)

	4	5
+	7	4

➡

	4	5
+	7	4
		9

➡

1		
	4	5
+	7	4
	1	9

➡

1		
	4	5
+	7	4
1	1	9

연산Key

십의 자리에서 받아올림한 수는 여기에 써요.

일의 자리에서 받아올림한 수는 여기에 써요.

$$\begin{array}{r} {}^{1}\,{}^{1} \\ 67 \\ +\ 58 \\ \hline 125 \end{array}$$

• 십의 자리 수끼리 더해서 10과 같거나 크면 백의 자리로 받아올림합니다.

이해 안 되는 내용이 있으면 한번 더 공부하고 연산력 키우기로 넘어가세요.

일의 자리에서 받아올림이 있는 덧셈

241017-0149 ~ 241017-0159

덧셈을 하세요.

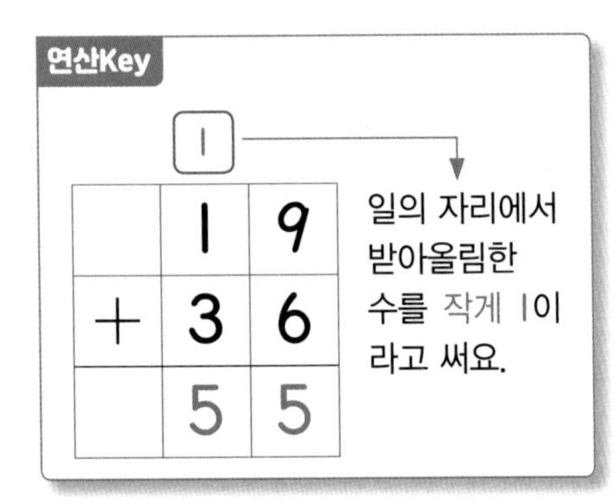

	1	9
+	3	6
	5	5

1

	2	8
+	3	4

2

	5	3
+	3	9

3

	6	8
+	1	2

4

	1	5
+	5	8

5

	1	6
+	1	7

6

	5	8
+	2	6

7

	3	7
+	1	9

8

	6	7
+	2	3

9

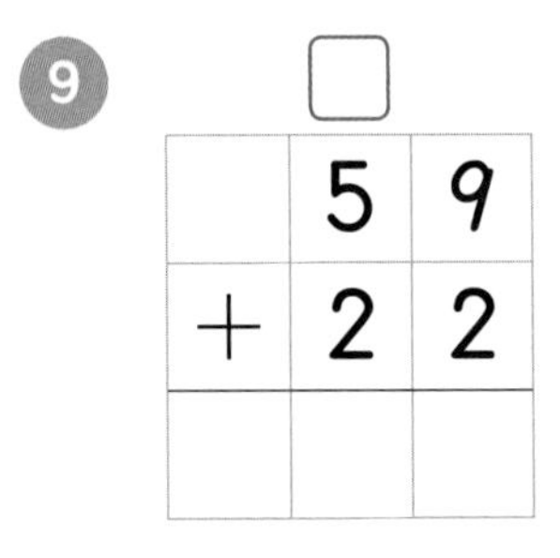

	5	9
+	2	2

10

	3	9
+	2	8

11

	7	7
+	1	7

일의 자리 수끼리 더해서 10과 같거나 크면 십의 자리로 받아올림해요.

학습 점검	학습 날짜	걸린 시간	맞은 개수
	월 일	분 초	

241017-0160 ~ 241017-0174

⑫

	5	5
+	2	5

⑬

	1	4
+	5	8

⑭

	7	4
+	1	9

⑮

	4	8
+	3	8

⑯

	2	3
+	2	9

⑰

	4	4
+	3	7

⑱

	1	6
+	3	5

⑲

	3	6
+	5	9

⑳

	6	7
+	1	7

㉑

	2	8
+	4	9

㉒

	4	6
+	2	7

㉓

	2	9
+	3	7

㉔

	3	5
+	4	9

㉕

	1	1
+	4	9

㉖

	4	3
+	4	8

십의 자리에서 받아올림이 있는 덧셈

241017-0175 ~ 241017-0185

덧셈을 하세요.

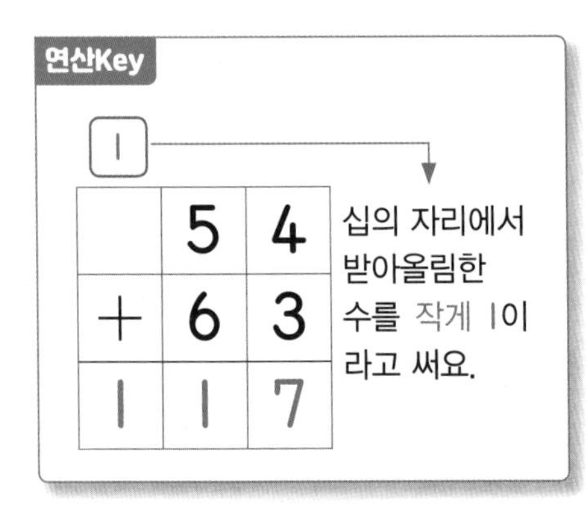

1

	3	0
+	9	0

2

	7	7
+	9	2

3

	6	6
+	8	3

4

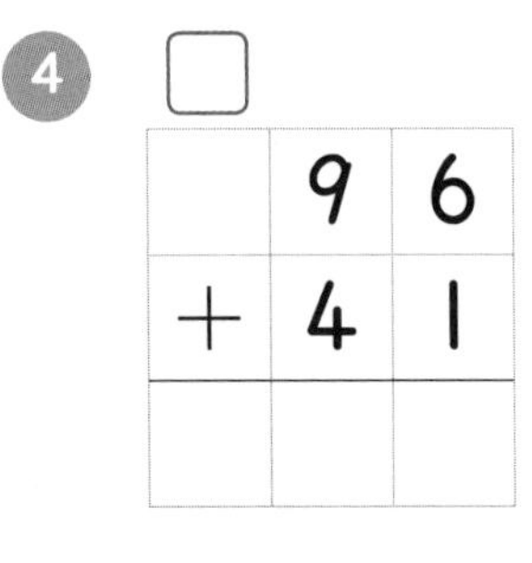

5

	4	6
+	8	3

6

	6	3
+	9	3

7

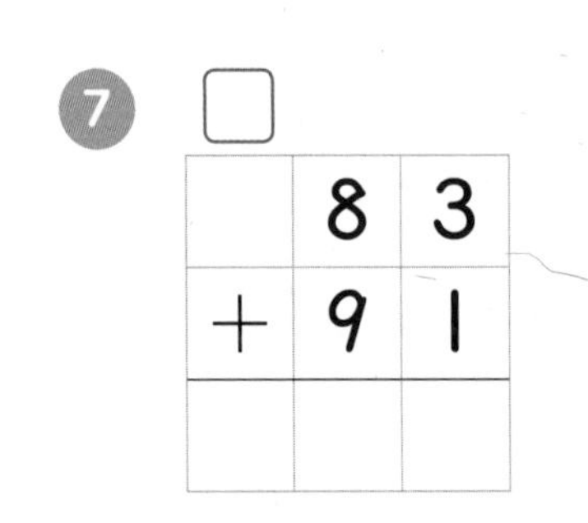

8

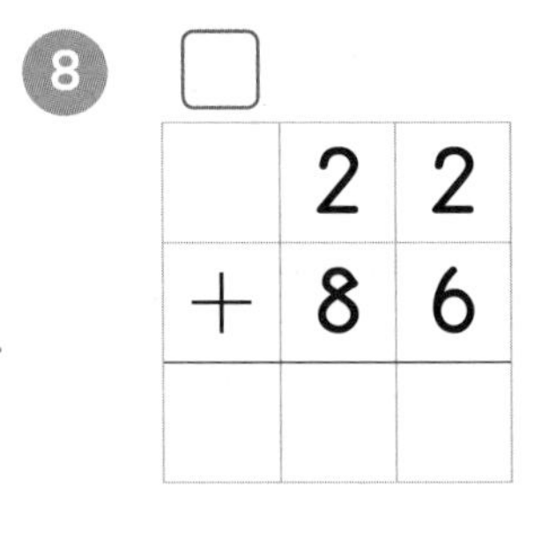

9

	8	4
+	7	3

10

	7	6
+	6	0

11

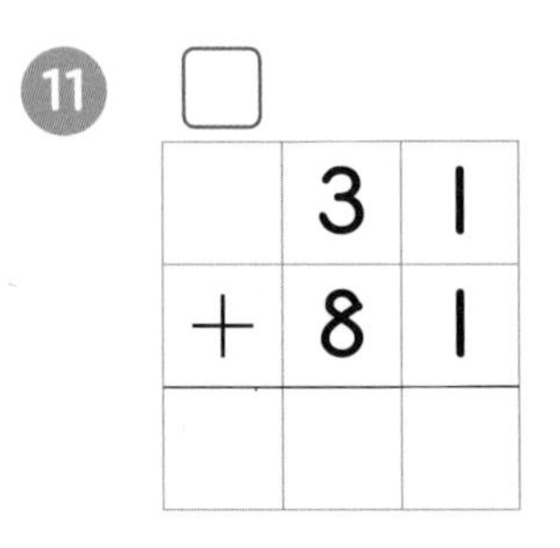

십의 자리 수끼리 더해서 10과 같거나 크면 백의 자리로 받아올림해요.

학습 점검	학습 날짜	걸린 시간	맞은 개수
	월 일	분 초	

241017-0186 ~ 241017-0200

12
$$\begin{array}{r} 60 \\ +\ 60 \\ \hline \end{array}$$

13
$$\begin{array}{r} 11 \\ +\ 96 \\ \hline \end{array}$$

14
$$\begin{array}{r} 53 \\ +\ 74 \\ \hline \end{array}$$

15
$$\begin{array}{r} 67 \\ +\ 92 \\ \hline \end{array}$$

16
$$\begin{array}{r} 77 \\ +\ 72 \\ \hline \end{array}$$

17
$$\begin{array}{r} 92 \\ +\ 76 \\ \hline \end{array}$$

18
$$\begin{array}{r} 76 \\ +\ 61 \\ \hline \end{array}$$

19
$$\begin{array}{r} 32 \\ +\ 86 \\ \hline \end{array}$$

20
$$\begin{array}{r} 55 \\ +\ 84 \\ \hline \end{array}$$

21
$$\begin{array}{r} 36 \\ +\ 82 \\ \hline \end{array}$$

22
$$\begin{array}{r} 74 \\ +\ 91 \\ \hline \end{array}$$

23
$$\begin{array}{r} 83 \\ +\ 66 \\ \hline \end{array}$$

24
$$\begin{array}{r} 73 \\ +\ 82 \\ \hline \end{array}$$

25
$$\begin{array}{r} 96 \\ +\ 80 \\ \hline \end{array}$$

26
$$\begin{array}{r} 93 \\ +\ 72 \\ \hline \end{array}$$

3일차 (두 자리 수)+(두 자리 수)의 가로셈

241017-0201 ~ 241017-0220

덧셈을 하세요.

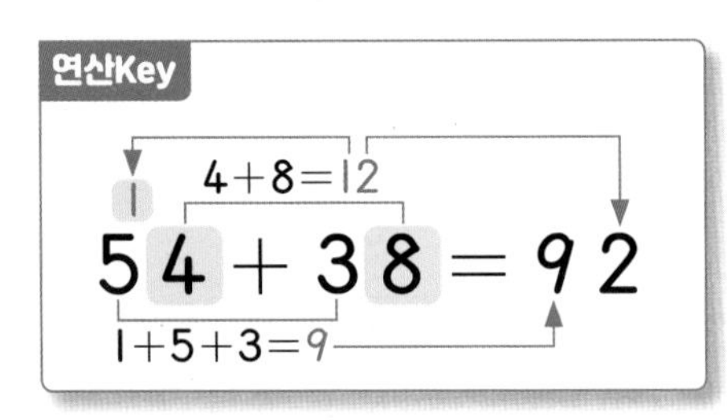

⑦ $27+18$

⑭ $45+39$

① $37+58$

⑧ $38+29$

⑮ $11+29$

② $73+18$

⑨ $16+34$

⑯ $69+29$

③ $13+17$

⑩ $48+33$

⑰ $17+65$

④ $22+29$

⑪ $13+47$

⑱ $46+46$

⑤ $48+29$

⑫ $46+38$

⑲ $18+23$

⑥ $26+47$

⑬ $26+28$

⑳ $48+28$

가로셈도 세로셈과 같은 방법으로 계산할 수 있어요.

학습 점검	학습 날짜	걸린 시간	맞은 개수
	월 일	분 초	

241017-0221 ~ 241017-0241

21 $53+91$

28 $54+62$

35 $42+66$

22 $73+95$

29 $90+80$

36 $73+83$

23 $65+72$

30 $41+81$

37 $84+33$

24 $83+45$

31 $89+70$

38 $87+42$

25 $54+53$

32 $44+92$

39 $34+92$

26 $91+82$

33 $64+74$

40 $32+93$

27 $92+92$

34 $67+91$

41 $91+32$

일의 자리와 십의 자리에서 받아올림이 있는 덧셈

241017-0242 ~ 241017-0255

✽ 덧셈을 하세요.

연산Key

$$\begin{array}{r} {}^{1}3\ {}^{1}2 \\ +\ 9\ 8 \\ \hline 1\ 3\ 0 \end{array}$$

→ 일의 자리와 십의 자리에서 받아올림한 수를 각각 작게 1이라고 써요.

1. $\begin{array}{r} 87 \\ +13 \\ \hline \end{array}$

2. $\begin{array}{r} 79 \\ +28 \\ \hline \end{array}$

3. $\begin{array}{r} 56 \\ +89 \\ \hline \end{array}$

4. $\begin{array}{r} 86 \\ +76 \\ \hline \end{array}$

5. $\begin{array}{r} 37 \\ +86 \\ \hline \end{array}$

6. $\begin{array}{r} 66 \\ +77 \\ \hline \end{array}$

7. $\begin{array}{r} 19 \\ +93 \\ \hline \end{array}$

8. $\begin{array}{r} 67 \\ +77 \\ \hline \end{array}$

9. $\begin{array}{r} 39 \\ +79 \\ \hline \end{array}$

10. $\begin{array}{r} 22 \\ +98 \\ \hline \end{array}$

11. $\begin{array}{r} 58 \\ +68 \\ \hline \end{array}$

12. $\begin{array}{r} 78 \\ +53 \\ \hline \end{array}$

13. $\begin{array}{r} 65 \\ +89 \\ \hline \end{array}$

14. $\begin{array}{r} 76 \\ +95 \\ \hline \end{array}$

일의 자리와 십의 자리에서 모두 받아올림을 해요.

학습 점검	학습 날짜	걸린 시간	맞은 개수
	월 일	분 초	

241017-0256 ~ 241017-0276

⑮ $87+57$

⑯ $49+78$

⑰ $66+89$

⑱ $26+77$

⑲ $93+98$

⑳ $87+37$

㉑ $36+77$

㉒ $27+98$

㉓ $95+79$

㉔ $78+79$

㉕ $87+46$

㉖ $32+68$

㉗ $99+99$

㉘ $74+89$

㉙ $18+93$

㉚ $84+76$

㉛ $76+69$

㉜ $68+58$

㉝ $69+38$

㉞ $78+86$

㉟ $43+79$

5일차 (두 자리 수)+(두 자리 수)

241017-0277 ~ 241017-0290

두 수의 합을 빈칸에 써넣으세요.

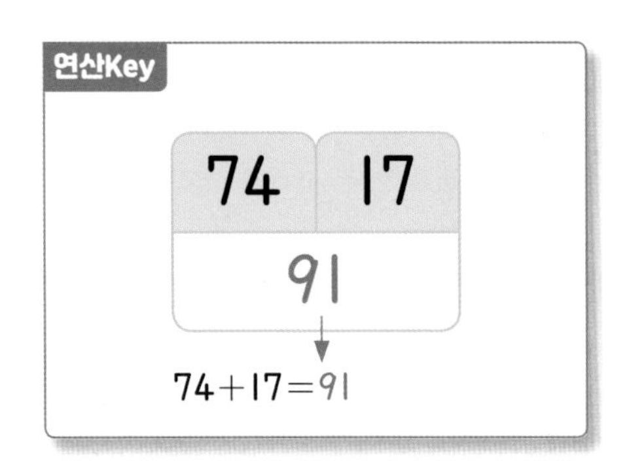

1. | 34 | 82 |
2. | 23 | 58 |
3. | 54 | 76 |
4. | 55 | 93 |
5. | 94 | 85 |
6. | 99 | 56 |
7. | 89 | 32 |
8. | 58 | 36 |
9. | 61 | 85 |
10. | 66 | 17 |
11. | 98 | 88 |
12. | 44 | 59 |
13. | 83 | 59 |
14. | 73 | 52 |

빈칸에 두 수의 합을 넣어요.

학습 점검	학습 날짜		걸린 시간		맞은 개수
	월	일	분	초	

241017-0291 ~ 241017-0305

15

19	
27	

16

33	
81	

17

91	
78	

18

75	
50	

19

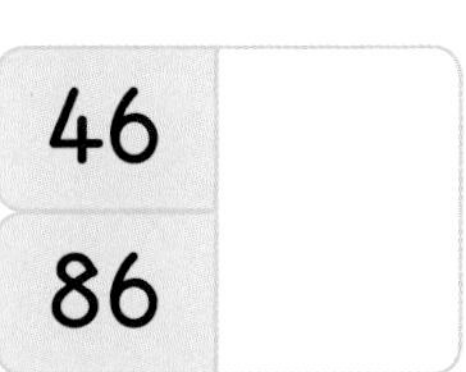

46	
86	

20

76	
64	

21

36	
82	

22

46	
16	

23

62	
19	

24

97	
28	

25

23	
85	

26

24	
99	

27

19	
39	

28

86	
68	

29

35	
89	

연산 3차시

여러 가지 방법으로 덧셈하기

학습목표

① 여러 가지 방법으로 받아올림이 있는 두 자리 수끼리의 덧셈 익히기

한 가지 방법으로 덧셈을 하는 건 재미없어. 여러 가지 방법으로 더해볼 수 있을까?
다양하게 덧셈을 하는 방법을 공부해 보자.

원리 깨치기

❶ 여러 가지 방법으로 덧셈을 해보아요

[18+27의 계산]

방법 1 18을 10과 8, 27을 20과 7로 생각하여 십의 자리끼리, 일의 자리끼리 더합니다.

18+27

①30 ②15 ③45

① 10과 20을 더합니다. ➡ 30

② 8과 7을 더합니다. ➡ 15

③ 30과 15를 더합니다. ➡ 45

방법 2 18에 20을 먼저 더하고 7을 더 더합니다.

18+27

①38 ②45

① 18에 20을 먼저 더합니다. ➡ 38

② 38과 7을 더합니다. ➡ 45

방법 3 18을 20에서 2를 뺀 수로 생각하여 20에 27을 먼저 더하고 2를 뺍니다.

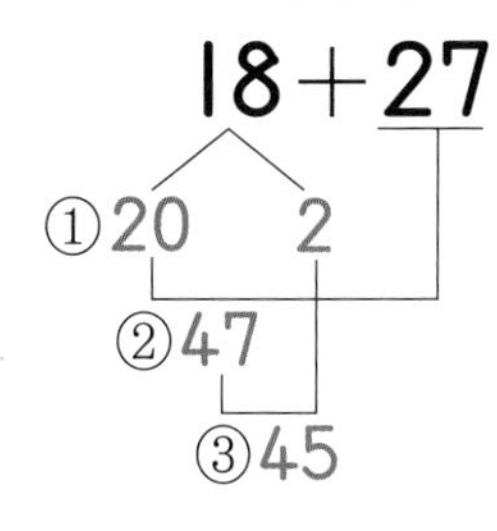

① 18을 20과 2로 나타냅니다.

② 20과 27을 더합니다. ➡ 47

③ 47에서 2를 뺍니다. ➡ 45

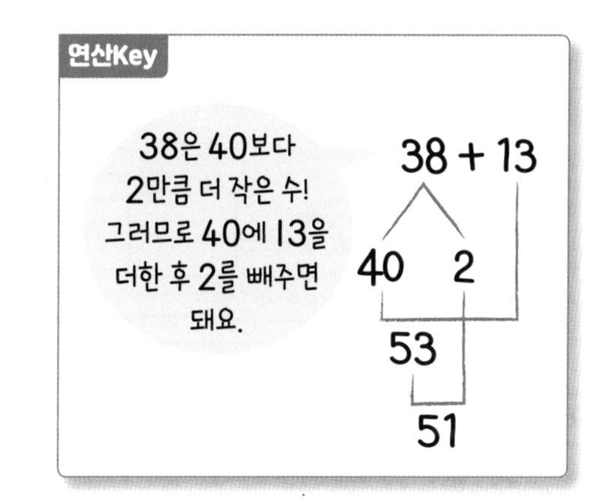

방법 4 27을 30에서 3을 뺀 수로 생각하여 18에 30을 더하고 3을 뺍니다.

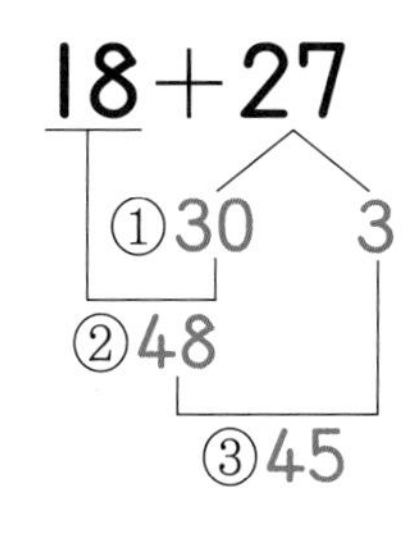

① 27을 30과 3으로 나타냅니다.

② 18과 30을 더합니다. ➡ 48

③ 48에서 3을 뺍니다. ➡ 45

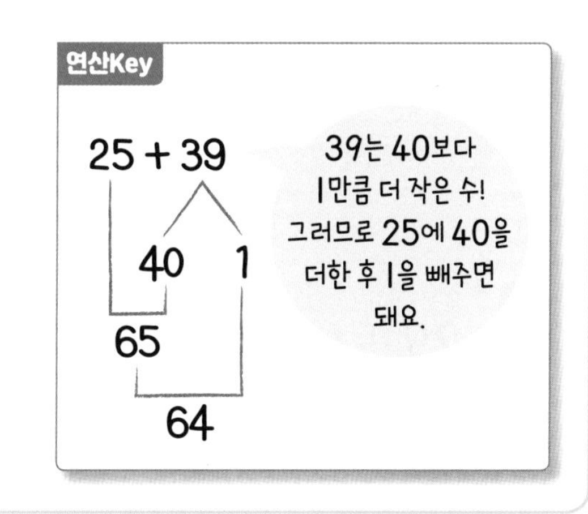

이해 안 되는 내용이 있으면 **한번** 더 공부하고 연산력 키우기로 넘어가세요.

몇십끼리 더하고 몇끼리 더하기

241017-0306 ~ 241017-0316

덧셈을 하세요.

연산Key

$13+39=40+12$
$=52$

13을 10과 3, 39를 30과 9로 가른 후 10과 30, 3과 9를 따로 더하여 계산해요.

① $39+18=\square+\square$
$=\square$

② $65+26=\square+\square$
$=\square$

③ $46+27=\square+\square$
$=\square$

④ $86+63=\square+\square$
$=\square$

⑤ $29+64=\square+\square$
$=\square$

⑥ $49+75=\square+\square$
$=\square$

⑦ $58+24=\square+\square$
$=\square$

⑧ $96+92=\square+\square$
$=\square$

⑨ $24+69=\square+\square$
$=\square$

⑩ $53+17=\square+\square$
$=\square$

⑪ $63+58=\square+\square$
$=\square$

몇십몇을 몇십과 몇으로 나누어 몇십끼리 더하고 몇끼리 더해요.

학습 점검	학습 날짜		걸린 시간		맞은 개수
	월	일	분	초	

241017-0317 ~ 241017-0334

⑫ $53+39$

⑱ $43+29$

㉔ $62+85$

⑬ $26+35$

⑲ $87+48$

㉕ $19+27$

⑭ $63+54$

⑳ $29+38$

㉖ $58+67$

⑮ $35+28$

㉑ $67+18$

㉗ $59+94$

⑯ $14+90$

㉒ $86+18$

㉘ $71+53$

⑰ $39+25$

㉓ $99+24$

㉙ $48+89$

몇십을 먼저 더한 후 몇을 더하기

241017-0335 ~ 241017-0345

✽ 덧셈을 하세요.

연산Key

$36+28=\boxed{56}+\boxed{8}$

$=\boxed{64}$

56
64

36에 20을 먼저 더한 후 8을 더 더해서 계산해요.

1. $26+35=\square+\square$
   $=\square$

2. $36+57=\square+\square$
   $=\square$

3. $75+91=\square+\square$
   $=\square$

4. $38+37=\square+\square$
   $=\square$

5. $58+51=\square+\square$
   $=\square$

6. $15+69=\square+\square$
   $=\square$

7. $65+83=\square+\square$
   $=\square$

8. $48+96=\square+\square$
   $=\square$

9. $33+48=\square+\square$
   $=\square$

10. $23+49=\square+\square$
    $=\square$

11. $71+63=\square+\square$
    $=\square$

뒤에 있는 몇십몇을 몇십과 몇으로 나누어 몇십을 먼저 더한 후 몇을 더해요.

학습 점검	학습 날짜	걸린 시간	맞은 개수
	월 일	분 초	

241017-0346 ~ 241017-0363

⑫ $15+47$

⑬ $38+38$

⑭ $48+23$

⑮ $62+64$

⑯ $59+36$

⑰ $91+37$

⑱ $76+41$

⑲ $64+59$

⑳ $84+19$

㉑ $83+75$

㉒ $71+19$

㉓ $66+55$

㉔ $49+51$

㉕ $37+97$

㉖ $78+73$

㉗ $92+57$

㉘ $55+82$

㉙ $34+85$

3일차 앞에 있는 수를 몇십 빼기 몇으로 생각하기

241017-0364 ~ 241017-0374

덧셈을 하세요.

연산Key

$68+26=\boxed{96}-\boxed{2}$
$=\boxed{94}$

(68 → 70, 2; 70+26=96; 96−2=94)

68을 70에서 2를 뺀 수로 생각하여 70과 26을 먼저 더한 후 2를 빼요.

1. $49+36=\square-\square=\square$ (49 → 50, 1)

2. $18+27=\square-\square=\square$ (18 → 20, 2)

3. $38+24=\square-\square=\square$ (38 → 40, 2)

4. $46+26=\square-\square=\square$ (46 → 50, 4)

5. $67+76=\square-\square=\square$ (67 → 70, 3)

6. $69+26=\square-\square=\square$ (69 → 70, 1)

7. $58+33=\square-\square=\square$ (58 → 60, 2)

8. $28+33=\square-\square=\square$ (28 → 30, 2)

9. $57+56=\square-\square=\square$ (57 → 60, 3)

10. $29+82=\square-\square=\square$ (29 → 30, 1)

11. $86+67=\square-\square=\square$ (86 → 90, 4)

앞에 있는 수를 몇십 빼기 몇으로 생각하여 몇십과 뒤에 있는 수를 더한 후 몇을 빼요.

학습 점검	학습 날짜	걸린 시간	맞은 개수
	월 일	분 초	

241017-0375 ~ 241017-0392

⑫ $38+57$

⑬ $19+34$

⑭ $26+49$

⑮ $67+25$

⑯ $46+35$

⑰ $78+27$

⑱ $87+24$

⑲ $56+38$

⑳ $67+88$

㉑ $47+47$

㉒ $69+77$

㉓ $68+16$

㉔ $57+25$

㉕ $49+78$

㉖ $76+55$

㉗ $28+15$

㉘ $77+18$

㉙ $89+33$

뒤에 있는 수를 몇십 빼기 몇으로 생각하기

241017-0393 ~ 241017-0403

덧셈을 하세요.

연산Key

$13+39=\boxed{53}-\boxed{1}=\boxed{52}$

(40, 1 / 53 / 52)

39를 40에서 1을 뺀 수로 생각하여 13과 40을 먼저 더한 후 1을 빼요.

1. $38+46=\square-\square=\square$ (50, 4)

2. $37+48=\square-\square=\square$ (50, 2)

3. $45+25=\square-\square=\square$ (30, 5)

4. $74+17=\square-\square=\square$ (20, 3)

5. $87+36=\square-\square=\square$ (40, 4)

6. $28+29=\square-\square=\square$ (30, 1)

7. $24+88=\square-\square=\square$ (90, 2)

8. $39+55=\square-\square=\square$ (60, 5)

9. $47+58=\square-\square=\square$ (60, 2)

10. $75+85=\square-\square=\square$ (90, 5)

11. $98+79=\square-\square=\square$ (80, 1)

뒤에 있는 수를 몇십 빼기 몇으로 생각하여 앞에 있는 수와 몇십을 더한 후 몇을 빼요.

학습 점검	학습 날짜		걸린 시간		맞은 개수
	월	일	분	초	

241017-0404 ~ 241017-0421

⑫ $19+28$

⑬ $36+25$

⑭ $48+37$

⑮ $84+59$

⑯ $57+18$

⑰ $83+77$

⑱ $24+66$

⑲ $33+49$

⑳ $44+47$

㉑ $16+36$

㉒ $49+39$

㉓ $15+19$

㉔ $63+89$

㉕ $37+75$

㉖ $76+28$

㉗ $29+27$

㉘ $58+29$

㉙ $39+38$

연산력 키우기

5일차 여러 가지 방법으로 덧셈하기

241017-0422 ~ 241017-0436

여러 가지 방법으로 덧셈을 하세요.

연산Key

$38+17=40+15$
$=55$
(40, 15 → 55)

$38+17=57-2$
$=55$
(40, 2 → 57, 55)

$38+17=58-3$
$=55$
(20, 3 → 58, 55)

1. $59+37$

2. $36+25$

3. $53+39$

4. $26+16$

5. $87+33$

6. $47+65$

7. $36+24$

8. $47+29$

9. $89+14$

10. $66+88$

11. $26+29$

12. $65+28$

13. $84+88$

14. $59+69$

15. $26+37$

여러 가지 방법으로 덧셈을 해요.

학습 점검	학습 날짜	걸린 시간	맞은 개수
	월 일	분 초	

241017-0437 ~ 241017-0454

16 $34+27$

22 $44+18$

28 $57+25$

17 $56+16$

23 $76+58$

29 $49+78$

18 $48+55$

24 $18+47$

30 $56+27$

19 $27+69$

25 $59+33$

31 $28+49$

20 $69+54$

26 $86+64$

32 $29+28$

21 $16+19$

27 $49+29$

33 $67+64$

연산 4차시

(두 자리 수) - (한 자리 수)

학습목표

❶ 받아내림이 있는 (두 자리 수)−(한 자리 수)의 계산 익히기

일의 자리의 계산에서 뺄 수가 없어. 빼지는 수의 일의 자리의 수를 어떻게 더 크게 만들지? 받아내림을 잘하면 어떤 뺄셈도 쉽게 할 수 있어! 자! 그럼 받아내림이 있는 뺄셈을 공부해 보자.

원리 깨치기

① 받아내림이 있는 (두 자리 수) — (한 자리 수)를 그림으로 알아보아요

[32－6의 계산]

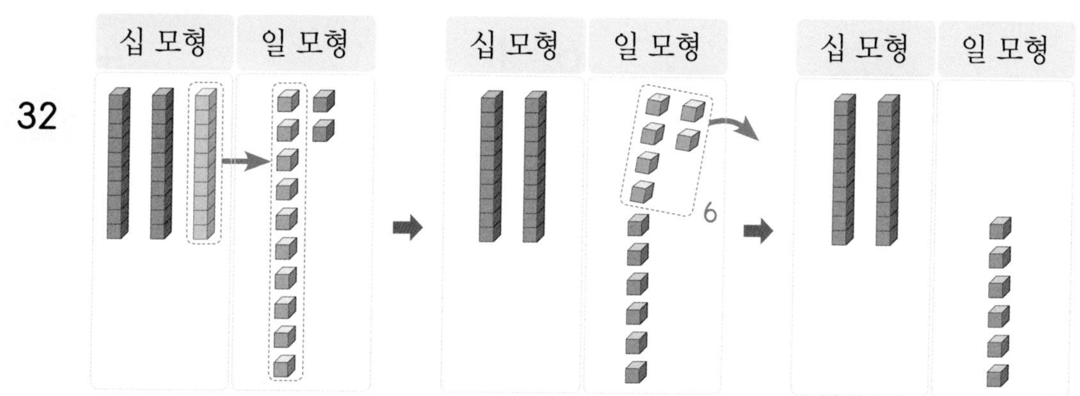

십 모형 1개를 일 모형 10개로 바꿀 수 있습니다.

② 받아내림이 있는 (두 자리 수) — (한 자리 수)의 계산 방법

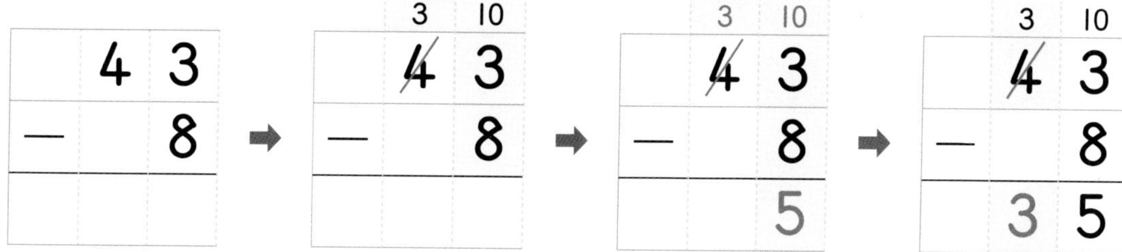

일의 자리끼리 자리를 맞추어 씁니다.

십의 자리 수 4를 지우고 그 위에 3을 작게 쓴 다음 일의 자리 위에 10을 작게 씁니다.

10＋3－8＝5를 일의 자리에 내려 씁니다.

십의 자리에 남아 있는 3을 내려 씁니다.

• 일의 자리의 계산에서 뺄 수 없으면 십의 자리에서 10을 받아내림하여 계산합니다.

세로셈

6	10
~~7~~	5
—	7
6	8

가로셈

$75 - 7 = 68$

10＋5－7

7－1

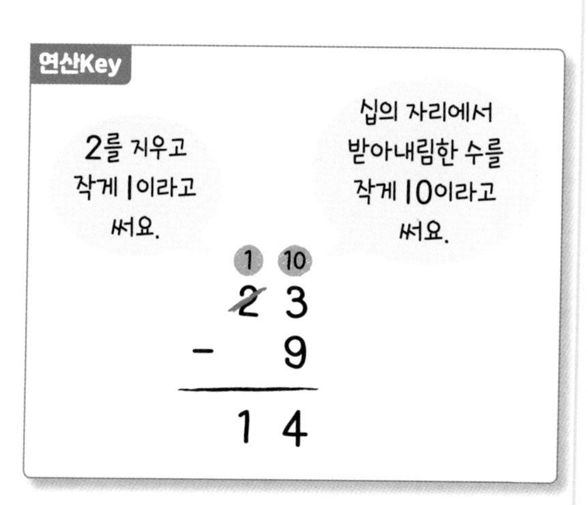

이해 안 되는 내용이 있으면 한번 더 공부하고 연산력 키우기로 넘어가세요.

연산력 키우기 1일차

(두 자리 수)-(한 자리 수)의 세로셈

241017-0455 ~ 241017-0465

뺄셈을 하세요.

연산Key

	2	10
	3	3
—		7
	2	6

3에서 7을 뺄 수 없으므로 십의 자리에서 10을 받아내림 해요.

① 36 − 9

	3	6
—		9

② 25 − 6

	2	5
—		6

③ 81 − 7

	8	1
—		7

④ 61 − 7

	6	1
—		7

⑤ 53 − 7

	5	3
—		7

⑥ 61 − 8

	6	1
—		8

⑦ 40 − 8

	4	0
—		8

⑧ 44 − 6

	4	4
—		6

⑨ 81 − 5

	8	1
—		5

⑩ 75 − 8

	7	5
—		8

⑪ 24 − 9

	2	4
—		9

일의 자리의 계산에서 뺄 수 없으면 십의 자리에서 10을 받아내림해요.

학습 점검	학습 날짜		걸린 시간		맞은 개수
	월	일	분	초	

241017-0466 ~ 241017-0480

12

	4	4
−		5

13

	9	4
−		8

14

	8	2
−		8

15

	3	0
−		4

16

	9	1
−		9

17

	3	1
−		6

18

	2	5
−		8

19

	6	7
−		8

20

	3	2
−		7

21

	2	2
−		9

22

	2	8
−		9

23

	2	1
−		6

24

	6	2
−		4

25

	8	0
−		2

26

	3	1
−		5

(두 자리 수)-(한 자리 수)의 가로셈

241017-0481 ~ 241017-0491

가로셈을 세로셈으로 바꾸어 계산해 보세요.

연산Key

81−8

가로셈을 세로셈으로 나타내어 계산해요.

	7	10
	~~8~~	1
−		8
	7	3

① 51−4

② 73−9

③ 42−5

④ 80−1

⑤ 32−9

⑥ 93−8

⑦ 34−5

⑧ 21−9

⑨ 47−9

⑩ 36−7

⑪ 83−6

가로셈도 세로셈과 같은 방법으로 계산할 수 있어요.

학습 점검	학습 날짜		걸린 시간		맞은 개수
	월	일	분	초	

241017-0492 ~ 241017-0503

12 $62-6$

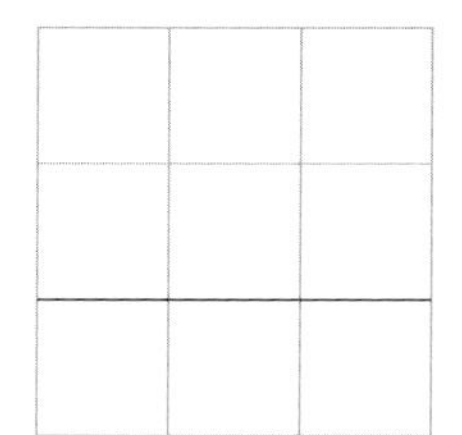

13 $95-7$

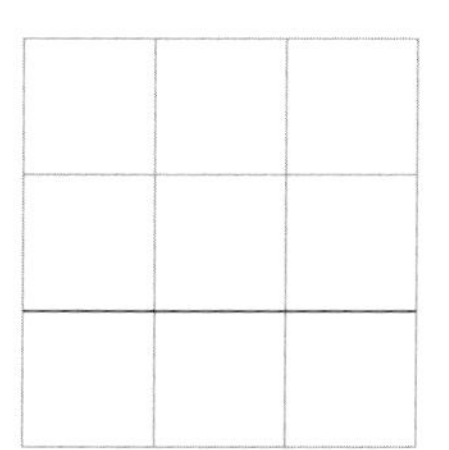

14 $45-9$

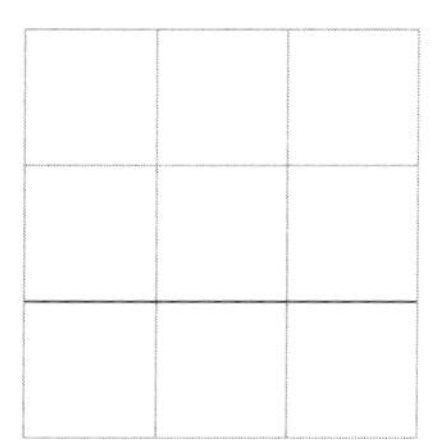

15 $57-8$

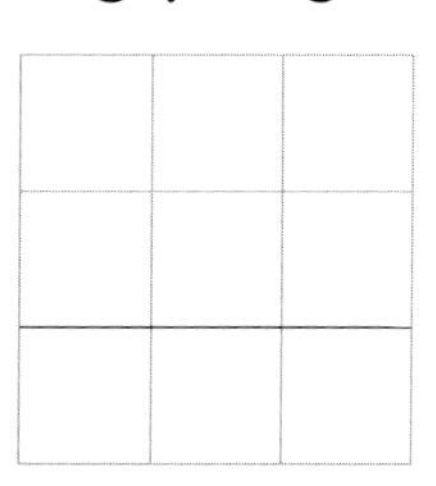

16 $31-9$

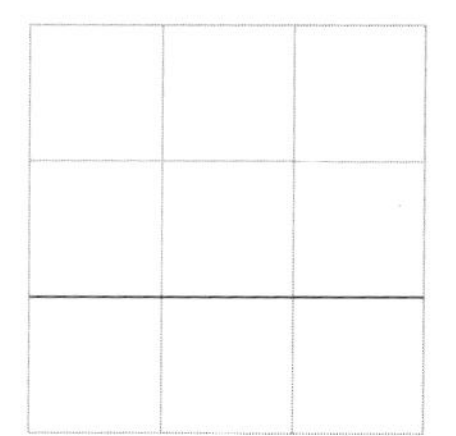

17 $50-7$

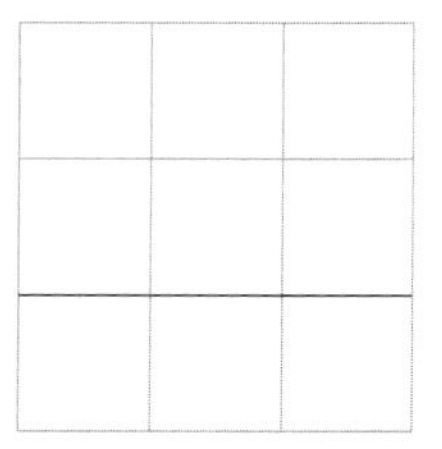

18 $33-7$

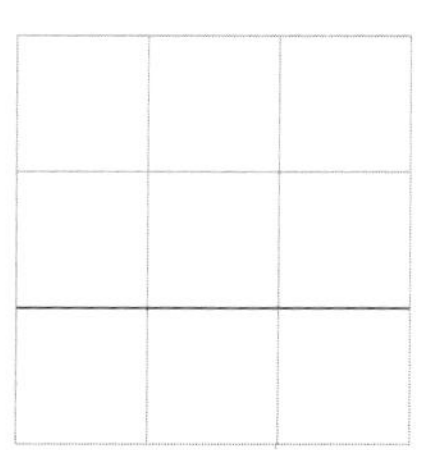

19 $86-9$

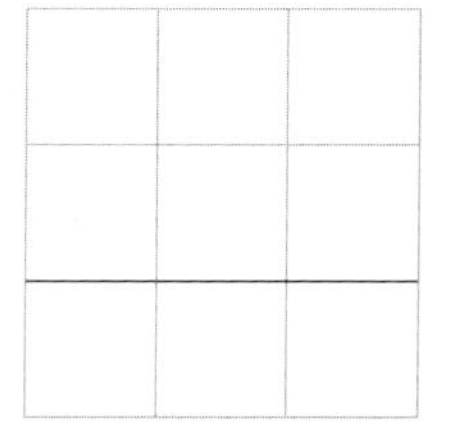

20 $61-4$

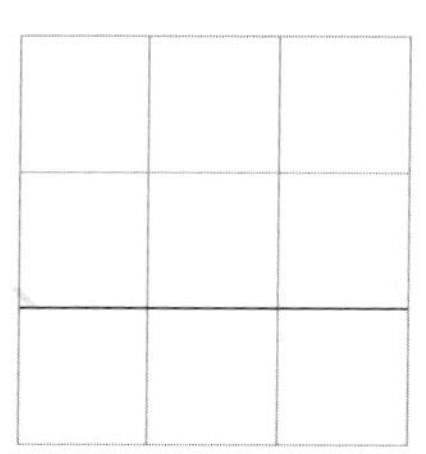

21 $54-5$

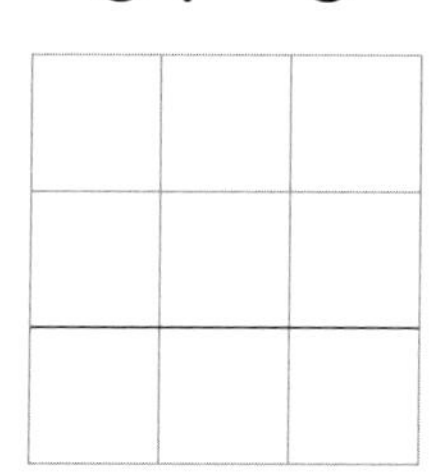

22 $20-6$

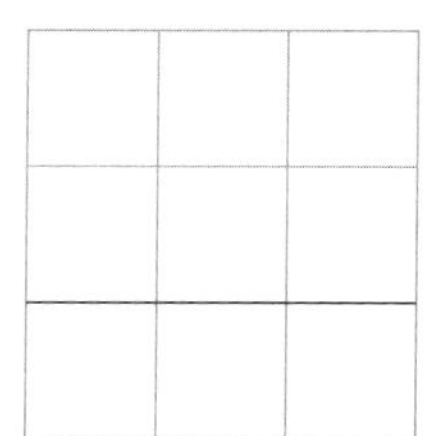

23 $82-7$

(두 자리 수)-(한 자리 수) (1)

241017-0504 ~ 241017-0517

빨셈을 하세요.

연산Key

	3	10
	~~4~~	6
−		8
	3	8

십의 자리에서 받아내림한 수를 작게 10 이라고 써요.

1. $32 - 8$

2. $41 - 9$

3. $44 - 7$

4. $94 - 6$

5. $76 - 9$

6. $52 - 3$

7. $90 - 9$

8. $83 - 5$

9. $24 - 8$

10. $43 - 7$

11. $35 - 7$

12. $88 - 9$

13. $64 - 9$

14. $62 - 5$

십의 자리에서 일의 자리로 받아내림을 하면 십의 자리 숫자는 1 작아져요.

학습 점검	학습 날짜		걸린 시간		맞은 개수
	월	일	분	초	

241017-0518 ~ 241017-0538

⑮ $64-7$

⑯ $32-6$

⑰ $38-9$

⑱ $52-5$

⑲ $42-8$

⑳ $86-8$

㉑ $75-9$

㉒ $76-8$

㉓ $94-5$

㉔ $23-7$

㉕ $83-8$

㉖ $74-6$

㉗ $52-7$

㉘ $68-9$

㉙ $81-3$

㉚ $63-8$

㉛ $97-9$

㉜ $20-5$

㉝ $45-8$

㉞ $52-9$

㉟ $83-4$

연산력 키우기 **4일차**

(두 자리 수)-(한 자리 수) (2)

241017-0539 ~ 241017-0552

✽ 빨셈을 하세요.

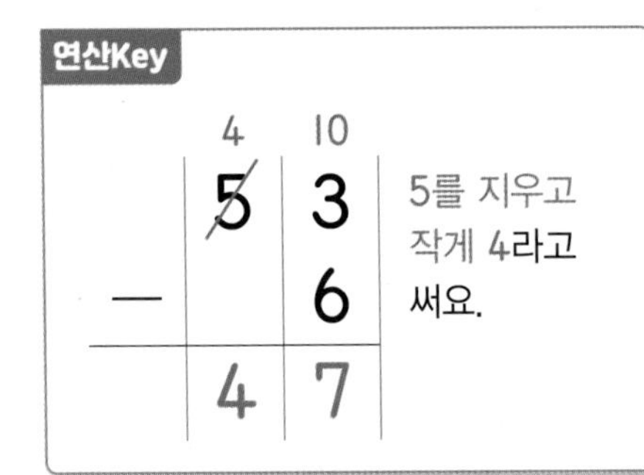

① $\begin{array}{r} 23 \\ -\ \ 5 \\ \hline \end{array}$

② $\begin{array}{r} 84 \\ -\ \ 9 \\ \hline \end{array}$

③ $\begin{array}{r} 94 \\ -\ \ 7 \\ \hline \end{array}$

④ $\begin{array}{r} 34 \\ -\ \ 9 \\ \hline \end{array}$

⑤ $\begin{array}{r} 44 \\ -\ \ 8 \\ \hline \end{array}$

⑥ $\begin{array}{r} 60 \\ -\ \ 4 \\ \hline \end{array}$

⑦ $\begin{array}{r} 54 \\ -\ \ 6 \\ \hline \end{array}$

⑧ $\begin{array}{r} 24 \\ -\ \ 8 \\ \hline \end{array}$

⑨ $\begin{array}{r} 35 \\ -\ \ 8 \\ \hline \end{array}$

⑩ $\begin{array}{r} 21 \\ -\ \ 8 \\ \hline \end{array}$

⑪ $\begin{array}{r} 92 \\ -\ \ 3 \\ \hline \end{array}$

⑫ $\begin{array}{r} 71 \\ -\ \ 6 \\ \hline \end{array}$

⑬ $\begin{array}{r} 33 \\ -\ \ 9 \\ \hline \end{array}$

⑭ $\begin{array}{r} 86 \\ -\ \ 7 \\ \hline \end{array}$

받아내림을 잘 생각하여 뺄셈을 해요.

학습 점검	학습 날짜	걸린 시간	맞은 개수
	월 일	분 초	

241017-0553 ~ 241017-0573

⑮ $53-9$

⑯ $97-8$

⑰ $62-9$

⑱ $93-4$

⑲ $72-5$

⑳ $25-7$

㉑ $51-3$

㉒ $81-4$

㉓ $64-8$

㉔ $42-7$

㉕ $70-8$

㉖ $92-6$

㉗ $34-7$

㉘ $82-5$

㉙ $73-5$

㉚ $34-7$

㉛ $45-9$

㉜ $92-5$

㉝ $27-9$

㉞ $56-9$

㉟ $68-9$

5일차 (두 자리 수)-(한 자리 수) (3)

241017-0574 ~ 241017-0587

두 수의 차를 빈칸에 써넣으세요.

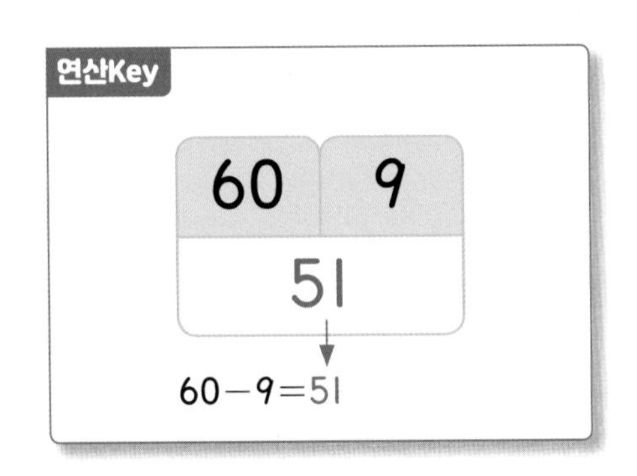

1

62	8

2

76	7

3

90	1

4

25	9

5

33	5

6

52	7

7

95	9

8

70	8

9

73	8

10

65	7

11

43	6

12

63	6

13

37	8

14

81	6

빈칸에 두 수의 차를 넣어요.

학습 점검	학습 날짜	걸린 시간	맞은 개수
	월 일	분 초	

241017-0588 ~ 241017-0602

15

20	
7	

16

63	
9	

17

94	
5	

18

34	
8	

19

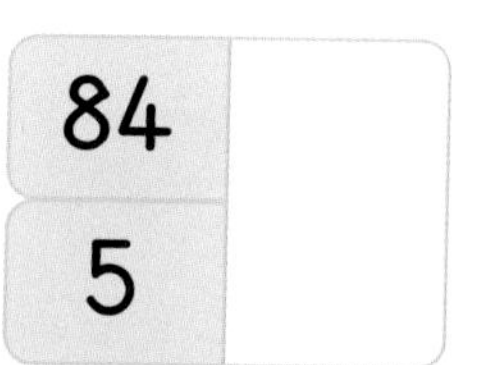

84	
5	

20

23	
7	

21

85	
9	

22

22	
8	

23

91	
6	

24

34	
6	

25

81	
8	

26

37	
9	

27

23	
6	

28

64	
5	

29

52	
4	

연산 5차시

(두 자리 수) - (두 자리 수)

학습목표

❶ 받아내림이 있는 (몇십)-(몇십몇)의 계산 익히기

❷ 받아내림이 있는 (두 자리 수)-(두 자리 수)의 계산 익히기

빼지는 수의 일의 자리 수가 0이야. 0에선 아무 수도 뺄 수 없는데,
이럴 때는 어떻게 뺄셈을 하지?
이제 받아내림이 있는 두 자리 수끼리의 뺄셈을 공부해 보자.

원리 깨치기

① 받아내림이 있는 (몇십) − (몇십몇)

[30 − 11의 계산]

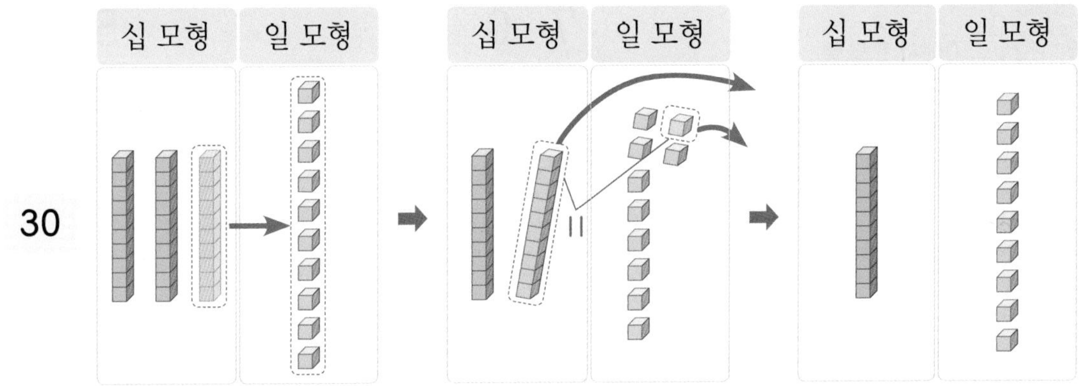

십 모형 1개를 일 모형 10개로 바꿀 수 있습니다.

	3	0
−	1	1

➡

	2	10
	~~3~~	0
−	1	1

➡

	2	10
	~~3~~	0
−	1	1
		9

➡

	2	10
	~~3~~	0
−	1	1
	1	9

• 일의 자리의 계산에서 뺄 수 없으면 십의 자리에서 10을 받아내림합니다.

② 받아내림이 있는 (두 자리 수) − (두 자리 수)

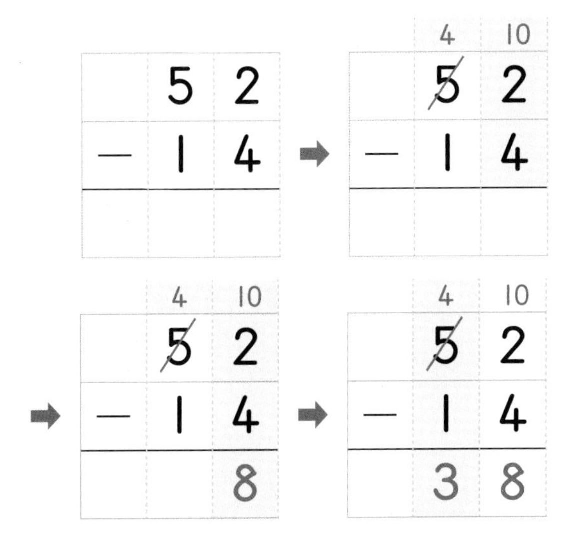

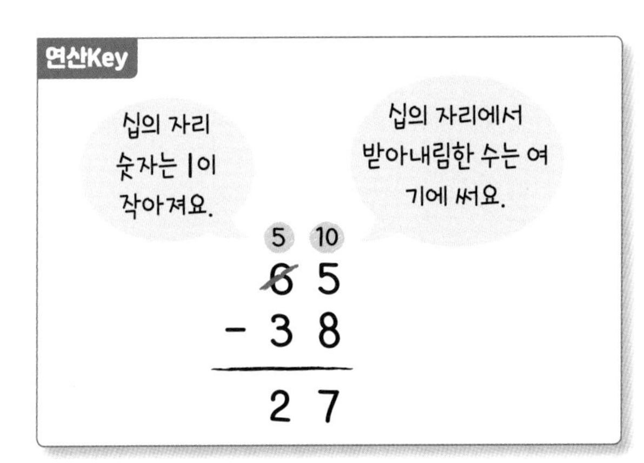

• 일의 자리 수끼리 뺄 수 없으면 십의 자리에서 받아내림하여 계산합니다.

이해 안 되는 내용이 있으면 한번 더 공부하고 연산력 키우기로 넘어가세요.

(몇십)-(몇십몇)의 세로셈

241017-0603 ~ 241017-0613

빼셈을 하세요.

연산Key

	6	10
	7	0
—	2	5
	4	5

0에서 5를 뺄 수 없으므로 십의 자리에서 10을 받아내림해요.

❶

	3	0
—	1	7

❷

	8	0
—	2	2

❸

	9	0
—	2	7

❹

	7	0
—	2	3

❺

	8	0
—	3	8

❻

	4	0
—	1	6

❼

	7	0
—	4	5

❽

	5	0
—	3	4

❾

	6	0
—	5	3

❿

	4	0
—	2	1

⓫

	9	0
—	5	8

일의 자리의 계산에서 뺄 수 없으면 십의 자리에서 10을 받아내림해요.

학습 점검	학습 날짜	걸린 시간	맞은 개수
	월 일	분 초	

241017-0614 ~ 241017-0628

⑫
	7	0
−	5	5

⑬
	8	0
−	1	8

⑭
	9	0
−	1	6

⑮
	6	0
−	2	4

⑯
	4	0
−	2	9

⑰
	4	0
−	1	3

⑱
	6	0
−	3	8

⑲
	8	0
−	4	7

⑳
	9	0
−	2	9

㉑
	9	0
−	1	4

㉒
	7	0
−	3	2

㉓
	6	0
−	1	7

㉔
	9	0
−	4	1

㉕
	8	0
−	2	6

㉖
	7	0
−	1	3

연산력 키우기

2일차 (몇십)-(몇십몇)의 가로셈

241017-0629 ~ 241017-0648

✽ 뺄셈을 하세요.

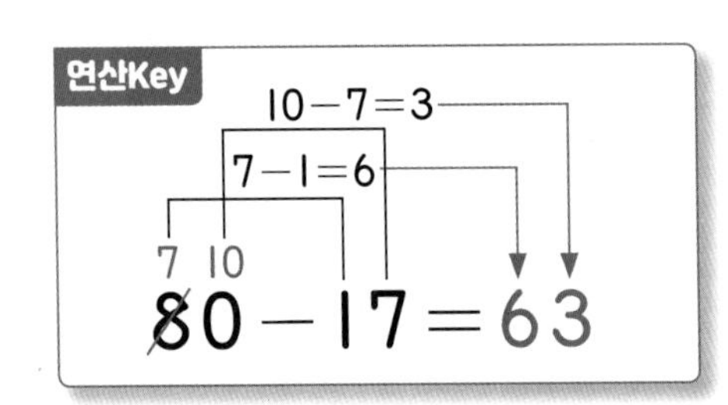

① $40-25$

② $50-18$

③ $70-46$

④ $30-12$

⑤ $90-87$

⑥ $40-17$

⑦ $70-29$

⑧ $50-26$

⑨ $40-24$

⑩ $90-46$

⑪ $60-48$

⑫ $70-36$

⑬ $50-33$

⑭ $90-25$

⑮ $80-35$

⑯ $90-24$

⑰ $70-61$

⑱ $80-28$

⑲ $50-22$

⑳ $80-29$

가로셈도 세로셈과 같은 방법으로 계산할 수 있어요.

학습 점검	학습 날짜	걸린 시간	맞은 개수
	월 일	분 초	

241017-0649 ~ 241017-0669

㉑ 80－39

㉒ 50－14

㉓ 70－52

㉔ 30－19

㉕ 40－18

㉖ 50－31

㉗ 70－16

㉘ 60－15

㉙ 80－64

㉚ 20－13

㉛ 70－19

㉜ 60－37

㉝ 80－56

㉞ 90－77

㉟ 90－11

36 70－38

37 30－13

38 40－22

39 80－46

40 60－12

41 50－27

연산력 키우기 **3일차**

(두 자리 수)-(두 자리 수)의 세로셈

241017-0670 ~ 241017-0680

뺄셈을 하세요.

연산Key

	7	10
	8	1
—	1	8
	6	3

일의 자리 수끼리 뺄 수 없으면 10을 받아내림하고, 십의 자리 숫자는 1 작게 써요.

1

	3	5
—	1	8

2

	7	4
—	2	6

3

	6	1
—	2	7

4

	6	4
—	1	8

5

	7	3
—	5	6

6

	9	2
—	6	6

7

	8	8
—	1	9

8

	6	5
—	5	9

9

	4	7
—	2	9

10

	8	6
—	2	9

11

	9	2
—	3	8

받아내림을 하면 십의 자리 숫자는 1 작아져요.

학습 점검	학습 날짜	걸린 시간	맞은 개수
	월 일	분 초	

241017-0681 ~ 241017-0695

12

	8	6
−	2	8

13

	3	7
−	1	9

14

	5	4
−	1	7

15

	9	3
−	6	7

16

	6	2
−	1	8

17

	3	6
−	2	7

18

	4	7
−	1	9

19

	9	2
−	2	7

20

	7	4
−	3	6

21

	9	4
−	1	9

22

	8	2
−	2	3

23

	6	5
−	2	8

24

	4	6
−	1	8

25

	6	1
−	3	4

26

	7	3
−	1	5

(두 자리 수)-(두 자리 수)의 가로셈

241017-0696 ~ 241017-0715

빨셈을 하세요.

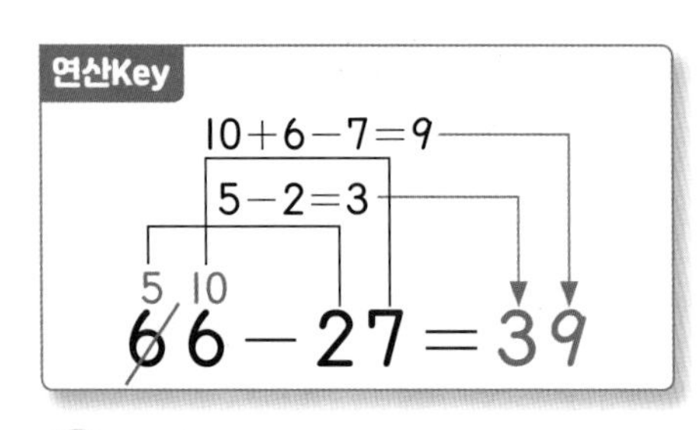

1. 64−48
2. 83−39
3. 51−25
4. 62−47
5. 73−28
6. 94−27
7. 21−19
8. 72−16
9. 95−37
10. 68−49
11. 76−39
12. 53−36
13. 42−16
14. 64−18
15. 86−69
16. 77−49
17. 84−29
18. 54−29
19. 56−49
20. 71−47

가로셈도 세로셈과 같은 방법으로 계산할 수 있어요.

학습 점검	학습 날짜	걸린 시간	맞은 개수
	월 일	분 초	

241017-0716 ~ 241017-0736

21 $63-17$

22 $82-49$

23 $58-29$

24 $84-66$

25 $41-28$

26 $77-29$

27 $33-18$

28 $64-28$

29 $73-17$

30 $65-37$

31 $31-24$

32 $96-49$

33 $53-37$

34 $76-29$

35 $81-39$

36 $62-28$

37 $92-54$

38 $83-25$

39 $52-27$

40 $26-18$

41 $41-22$

연산력 키우기

5일차 (두 자리 수)-(두 자리 수)

241017-0737 ~ 241017-0750

두 수의 차를 빈칸에 써넣으세요.

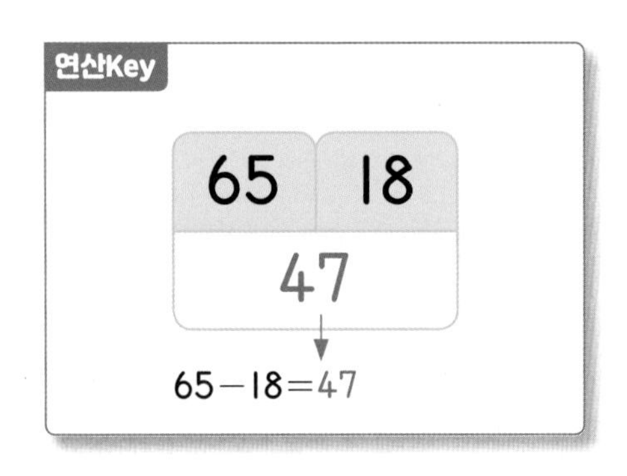

번호	수	수
1	70	15
2	91	78
3	85	27
4	76	27
5	93	17
6	55	16
7	81	19
8	60	19
9	61	28
10	60	28
11	75	27
12	54	28
13	91	26
14	83	37

빈칸에 두 수의 차를 넣어요.

학습 점검	학습 날짜	걸린 시간	맞은 개수
	월 일	분 초	

241017-0751 ~ 241017-0765

15

40	
14	

20

85	
28	

25

61	
49	

16

96	
38	

21

53	
46	

26

50	
36	

17

93	
17	

22

93	
26	

27

52	
17	

18

81	
54	

23

74	
56	

28

72	
13	

19

52	
18	

24

61	
32	

29

82	
39	

연산 6차시

여러 가지 방법으로 뺄셈하기

학습목표

❶ 여러 가지 방법으로 받아내림이 있는 두 자리 수끼리의 뺄셈 익히기

받아내림하는 방법 말고도 빼는 방법이 여러 가지가 있다고?
어떤 것들이 있는지 궁금해.
다양하게 뺄셈을 하는 방법을 공부해 보자.

원리 깨치기

❶ 여러 가지 방법으로 뺄셈을 해보아요

[56－28의 계산]

방법 1 28을 20과 8로 생각하여 56에서 20을 먼저 빼고 8을 더 뺍니다.

56－28
①36
②28

① 56에서 20을 뺍니다. ➡ 36
② 36에서 8을 뺍니다. ➡ 28

방법 2 28을 30에서 2를 뺀 수로 생각하여 56에서 30을 빼고 2를 더합니다.

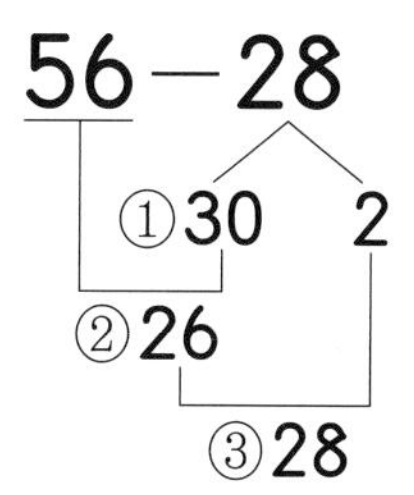

① 28을 30과 2로 나타냅니다.
② 56에서 30을 뺍니다. ➡ 26
③ 26에 2를 더합니다. ➡ 28

방법 3 28을 26과 2로 생각하여 56에서 26을 먼저 빼고 2를 더 뺍니다.

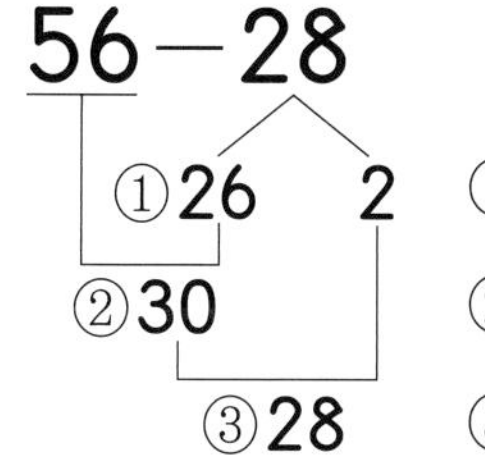

① 28을 26과 2로 나타냅니다.
② 56에서 26을 뺍니다. ➡ 30
③ 30에서 2를 뺍니다. ➡ 28

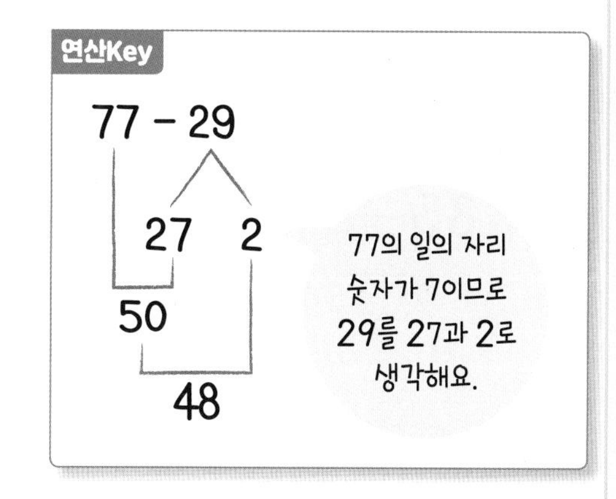

방법 4 56을 58과 2로 생각하여 58에서 28을 빼고 2를 뺍니다.

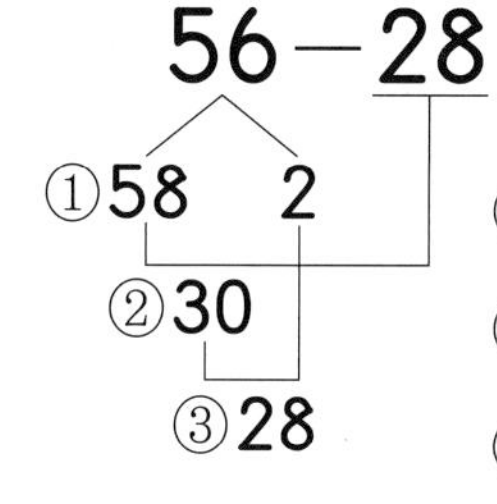

① 56을 58과 2로 나타냅니다.
② 58에서 28을 뺍니다. ➡ 30
③ 30에서 2를 뺍니다. ➡ 28

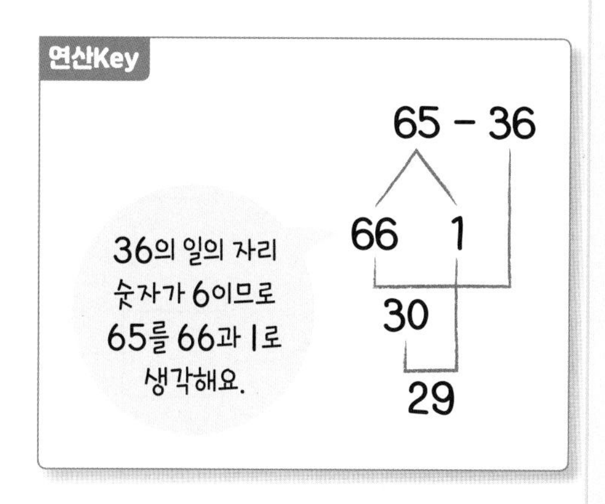

이해 안 되는 내용이 있으면 한번 더 공부하고 연산력 키우기로 넘어가세요.

몇십을 먼저 뺀 후 몇을 빼기

241017-0766 ~ 241017-0776

빨셈을 하세요.

연산Key

$32-14=\boxed{22}-\boxed{4}$

$=\boxed{18}$

14를 10과 4로 생각하여 32에서 10을 먼저 빼고 4를 더 빼어 계산해요.

1. $45-28=\square-\square$
   $=\square$

2. $77-48=\square-\square$
   $=\square$

3. $85-39=\square-\square$
   $=\square$

4. $94-75=\square-\square$
   $=\square$

5. $63-16=\square-\square$
   $=\square$

6. $41-39=\square-\square$
   $=\square$

7. $74-18=\square-\square$
   $=\square$

8. $81-47=\square-\square$
   $=\square$

9. $92-35=\square-\square$
   $=\square$

10. $67-39=\square-\square$
    $=\square$

11. $73-47=\square-\square$
    $=\square$

빼는 수를 몇십과 몇으로 나누어 몇십을 먼저 빼고 몇을 더 빼요.

학습 점검	학습 날짜	걸린 시간	맞은 개수
	월 일	분 초	

241017-0777 ~ 241017-0794

⑫ $84-68$

⑬ $64-28$

⑭ $42-27$

⑮ $77-18$

⑯ $74-27$

⑰ $31-14$

⑱ $91-13$

⑲ $83-25$

⑳ $35-26$

㉑ $92-26$

㉒ $43-18$

㉓ $94-68$

㉔ $92-17$

㉕ $76-37$

㉖ $54-25$

㉗ $73-27$

㉘ $86-18$

㉙ $52-27$

빼는 수를 몇십 빼기 몇으로 생각하기

241017-0795 ~ 241017-0805

빨셈을 하세요.

연산Key

$41-29=\boxed{11}+\boxed{1}=\boxed{12}$

(29 → 30, 1; 41 − 30 = 11; 11 + 1 = 12)

29를 30에서 1을 뺀 수로 생각하여 41에서 30을 빼고 1을 더해서 계산해요.

1. $92-19=\square+\square=\square$ (19 → 20, 1)

2. $81-37=\square+\square=\square$ (37 → 40, 3)

3. $96-38=\square+\square=\square$ (38 → 40, 2)

4. $74-17=\square+\square=\square$ (17 → 20, 3)

5. $91-25=\square+\square=\square$ (25 → 30, 5)

6. $55-27=\square+\square=\square$ (27 → 30, 3)

7. $62-37=\square+\square=\square$ (37 → 40, 3)

8. $65-18=\square+\square=\square$ (18 → 20, 2)

9. $95-76=\square+\square=\square$ (76 → 80, 4)

10. $54-19=\square+\square=\square$ (19 → 20, 1)

11. $72-39=\square+\square=\square$ (39 → 40, 1)

빼는 수를 몇십 빼기 몇으로 나누어 몇십을 먼저 빼고 몇을 더해요.

학습 점검	학습 날짜	걸린 시간	맞은 개수
	월 일	분 초	

241017-0806 ~ 241017-0823

⑫ $51-23$

⑬ $94-48$

⑭ $76-39$

⑮ $42-18$

⑯ $98-29$

⑰ $52-37$

⑱ $84-17$

⑲ $75-46$

⑳ $34-16$

㉑ $62-16$

㉒ $52-28$

㉓ $35-19$

㉔ $61-22$

㉕ $64-29$

㉖ $31-18$

㉗ $48-19$

㉘ $82-24$

㉙ $53-28$

연산력 키우기 **3일차** 빼는 수의 일의 자리 수를 빼지는 수와 같게 하기

241017-0824 ~ 241017-0834

빨셈을 하세요.

연산Key

52−29=30−7 (29를 22와 7로 나눔; 52−22=30, 30−7=23)

=23

29를 22와 7로 생각하여 52에서 22를 빼고 7을 더 빼어 계산해요.

① 84−38=□−□ (38을 34와 4로 나눔)
=□

② 34−17=□−□ (17을 14와 3으로 나눔)
=□

③ 97−39=□−□ (39를 37과 2로 나눔)
=□

④ 81−57=□−□ (57을 51과 6으로 나눔)
=□

⑤ 67−18=□−□ (18을 17과 1로 나눔)
=□

⑥ 42−19=□−□ (19를 12와 7로 나눔)
=□

⑦ 71−44=□−□ (44를 41과 3으로 나눔)
=□

⑧ 61−25=□−□ (25를 21과 4로 나눔)
=□

⑨ 92−57=□−□ (57을 52와 5로 나눔)
=□

⑩ 73−28=□−□ (28을 23과 5로 나눔)
=□

⑪ 82−56=□−□ (56을 52와 4로 나눔)
=□

뒤에 있는 수를 앞에 있는 수와 일의 자리 수가 같게 몇십 몇과 몇으로 나누어 계산해요.

학습 점검	학습 날짜		걸린 시간		맞은 개수
	월	일	분	초	

241017-0835 ~ 241017-0852

⑫ $32-16$

⑬ $45-18$

⑭ $73-58$

⑮ $96-59$

⑯ $67-28$

⑰ $81-15$

⑱ $85-67$

⑲ $84-29$

⑳ $61-25$

㉑ $53-24$

㉒ $54-39$

㉓ $72-25$

㉔ $76-19$

㉕ $88-69$

㉖ $94-36$

㉗ $84-47$

㉘ $62-34$

㉙ $55-18$

1일차 2일차 3일차 4일차 5일차

연산력 키우기

4일차 빼지는 수의 일의 자리 수를 빼는 수와 같게 하기

241017-0853 ~ 241017-0863

✱ 뺄셈을 하세요.

연산Key

$73-58=\boxed{20}-\boxed{5}$

$=\boxed{15}$

(73 → 78, 5; 78 − 58 = 20; 20 − 5 = 15)

73을 78과 5로 생각하여 78에서 58을 빼고 5를 더 빼어 계산해요.

1. $53-27=\square-\square$ (57, 4)
$=\square$

2. $72-57=\square-\square$ (77, 5)
$=\square$

3. $85-49=\square-\square$ (89, 4)
$=\square$

4. $96-77=\square-\square$ (97, 1)
$=\square$

5. $42-16=\square-\square$ (46, 4)
$=\square$

6. $51-14=\square-\square$ (54, 3)
$=\square$

7. $92-55=\square-\square$ (95, 3)
$=\square$

8. $73-15=\square-\square$ (75, 2)
$=\square$

9. $93-16=\square-\square$ (96, 3)
$=\square$

10. $82-23=\square-\square$ (83, 1)
$=\square$

11. $44-28=\square-\square$ (48, 4)
$=\square$

앞에 있는 수를 뒤에 있는 수와 일의 자리 수가 같게 몇십 몇과 몇으로 나누어 계산해요.

학습 점검	학습 날짜	걸린 시간	맞은 개수
	월 일	분 초	

241017-0864 ~ 241017-0881

⑫ 32－17

⑬ 43－15

⑭ 64－37

⑮ 83－64

⑯ 91－77

⑰ 81－25

⑱ 56－29

⑲ 72－27

⑳ 55－29

㉑ 91－19

㉒ 52－19

㉓ 73－59

㉔ 97－79

㉕ 82－47

㉖ 71－45

㉗ 62－27

㉘ 72－15

㉙ 84－35

5일차 여러 가지 방법으로 뺄셈하기

여러 가지 방법으로 뺄셈을 하세요.

241017-0882 ~ 241017-0896

연산Key

$37-19=27-9=18$ (27, 18) 여러 가지 방법으로 뺄셈을 해요.

$37-19=20-2=18$ (17, 2, 20, 18)

$37-19=20-2=18$ (39, 2, 20, 18)

1. $43-28$
2. $84-58$
3. $77-28$
4. $56-19$
5. $93-17$
6. $83-27$
7. $81-27$
8. $43-16$
9. $54-29$
10. $73-25$
11. $61-37$
12. $96-28$
13. $41-25$
14. $71-26$
15. $72-19$

여러 가지 방법으로 뺄셈을 해요.

학습 점검	학습 날짜		걸린 시간		맞은 개수
	월	일	분	초	

241017-0897 ~ 241017-0914

⑯ $52-25$

⑰ $78-19$

⑱ $55-39$

⑲ $61-27$

⑳ $82-15$

㉑ $85-38$

㉒ $72-48$

㉓ $88-29$

㉔ $82-47$

㉕ $71-43$

㉖ $63-18$

㉗ $93-26$

㉘ $66-38$

㉙ $84-27$

㉚ $41-17$

㉛ $66-48$

㉜ $96-37$

㉝ $95-49$

연산 7차시

덧셈과 뺄셈의 관계를 식으로 나타내기

학습목표

1. 덧셈과 뺄셈의 관계를 알고 식으로 나타내기
2. 덧셈식을 뺄셈식으로, 뺄셈식을 덧셈식으로 나타내기

덧셈으로 나타난 식을 뺄셈으로 나타낼 수 있다고?
그럼 뺄셈으로 나타난 식도 덧셈으로 나타낼 수 있는 거야?
그럼 덧셈식을 뺄셈식으로, 뺄셈식을 덧셈식으로 나타내는
방법을 공부해 보자.

원리 깨치기

❶ 덧셈식을 뺄셈식으로 나타내 보아요

덧셈식을 보고 2개의 뺄셈식으로 나타낼 수 있습니다.

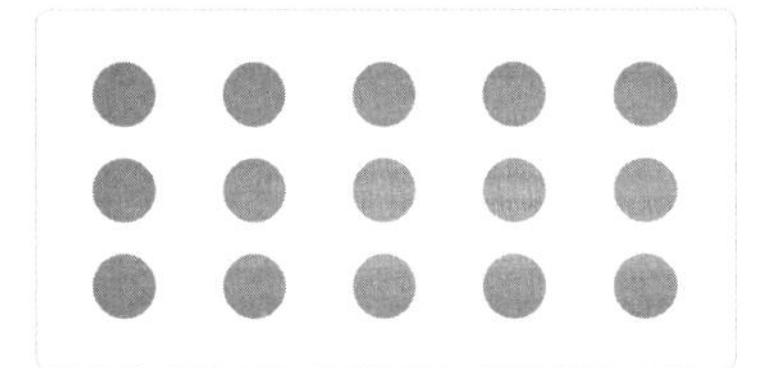

15+6=21 → 21−15=6, 21−6=15

가장 큰 수가 뺄셈식에서는 맨 앞에 옵니다.

■+★=● ➡ ●−■=★, ●−★=■

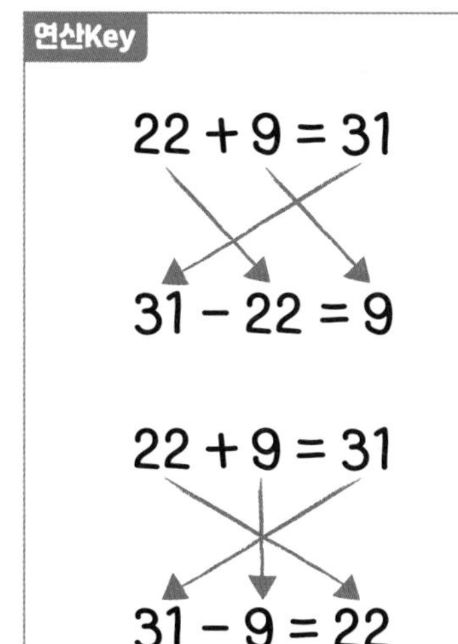

❷ 뺄셈식을 덧셈식으로 나타내 보아요

뺄셈식을 보고 2개의 덧셈식으로 나타낼 수 있습니다.

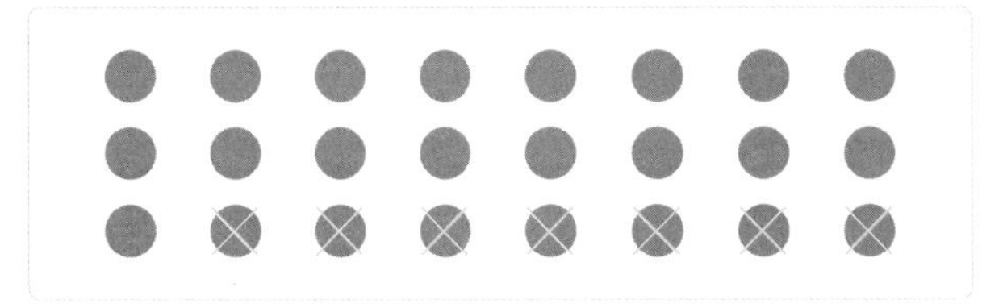

24−7=17 → 17+7=24, 7+17=24

가장 큰 수가 덧셈식에서는 맨 뒤에 옵니다.

●−■=★ ➡ ★+■=●, ■+★=●

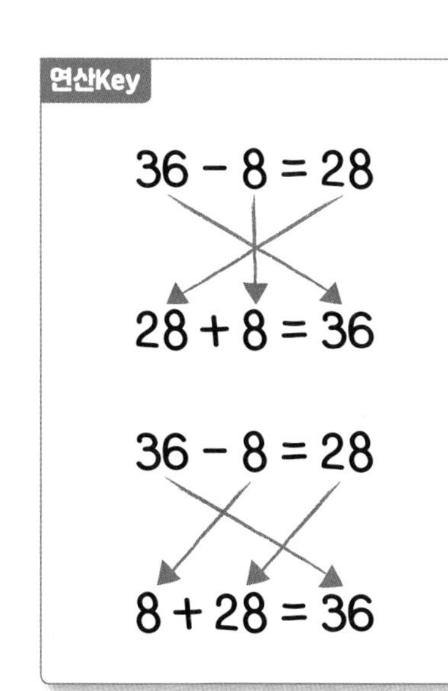

이해 안 되는 내용이 있으면 **한번 더** 공부하고 연산력 키우기로 넘어가세요.

덧셈식을 뺄셈식으로 나타내기 (1)

241017-0915 ~ 241017-0922

✿ 덧셈식을 뺄셈식으로 나타내세요.

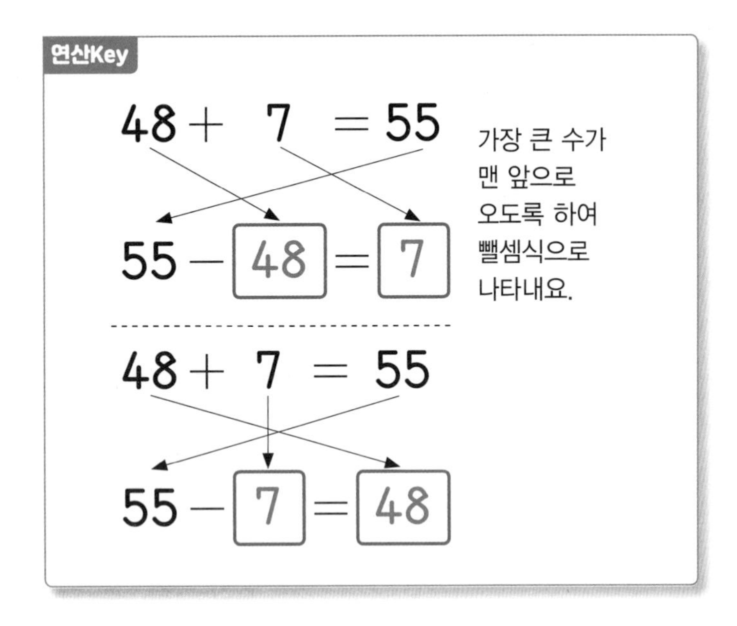

1. 26 + 25 = 51
   51 − □ = 25

2. 26 + 25 = 51
   51 − □ = 26

3. 38 + 26 = 64
   64 − □ = 26

4. 38 + 26 = 64
   64 − □ = 38

5. 23 + 57 = 80
   80 − □ = 57

6. 23 + 57 = 80
   80 − □ = 23

7. 46 + 27 = 73
   73 − □ = 27

8. 46 + 27 = 73
   73 − □ = 46

가장 큰 수가 맨 앞으로 오도록 하여 덧셈식을 뺄셈식으로 나타내요.

학습 점검	학습 날짜	걸린 시간	맞은 개수
	월 일	분 초	

241017-0923 ~ 241017-0932

9. $15 + 36 = 51$

$51 - \square = \square$

10. $15 + 36 = 51$

$51 - \square = \square$

11. $77 + 6 = 83$

$83 - \square = \square$

12. $77 + 6 = 83$

$83 - \square = \square$

13. $47 + 28 = 75$

$75 - \square = \square$

14. $47 + 28 = 75$

$75 - \square = \square$

15. $26 + 46 = 72$

$72 - \square = \square$

16. $26 + 46 = 72$

$72 - \square = \square$

17. $44 + 38 = 82$

$82 - \square = \square$

18. $44 + 38 = 82$

$82 - \square = \square$

덧셈식을 뺄셈식으로 나타내기 (2)

241017-0933 ~ 241017-0941

덧셈식을 뺄셈식으로 나타내세요.

연산Key

$15+36=51$

→ $51-15=36$

$51-\boxed{36}=\boxed{15}$

51이 맨 앞으로 오도록 하여 뺄셈식 두 개를 만들어요.

① $47+8=55$

→ $55-47=8$

$55-\square=\square$

② $38+25=63$

→ $63-38=25$

$63-\square=\square$

③ $36+47=83$

→ $83-36=47$

$83-\square=\square$

④ $47+45=92$

→ $92-47=45$

$92-\square=\square$

⑤ $44+28=72$

→ $72-28=44$

$72-\square=\square$

⑥ $53+29=82$

→ $82-29=53$

$82-\square=\square$

⑦ $25+7=32$

→ $32-7=25$

$32-\square=\square$

⑧ $52+38=90$

→ $90-38=52$

$90-\square=\square$

⑨ $39+27=66$

→ $66-27=39$

$66-\square=\square$

덧셈식을 두 개의 뺄셈식으로 나타내요.

학습 점검	학습 날짜	걸린 시간	맞은 개수
	월 일	분 초	

241017-0942 ~ 241017-0951

⑩ $67+9=76$

➡ $76-9=67$

$\square-\square=\square$

⑪ $56+39=95$

➡ $95-39=56$

$\square-\square=\square$

⑫ $38+16=54$

➡ $54-16=38$

$\square-\square=\square$

⑬ $74+17=91$

➡ $91-74=17$

$\square-\square=\square$

⑭ $45+29=74$

➡ $74-29=45$

$\square-\square=\square$

⑮ $49+44=93$

➡ $93-49=44$

$\square-\square=\square$

⑯ $69+9=78$

➡ $78-9=69$

$\square-\square=\square$

⑰ $15+26=41$

➡ $41-26=15$

$\square-\square=\square$

⑱ $25+57=82$

➡ $82-25=57$

$\square-\square=\square$

⑲ $67+18=85$

➡ $85-18=67$

$\square-\square=\square$

3일차 뺄셈식을 덧셈식으로 나타내기 (1)

241017-0952 ~ 241017-0959

뺄셈식을 덧셈식으로 나타내세요.

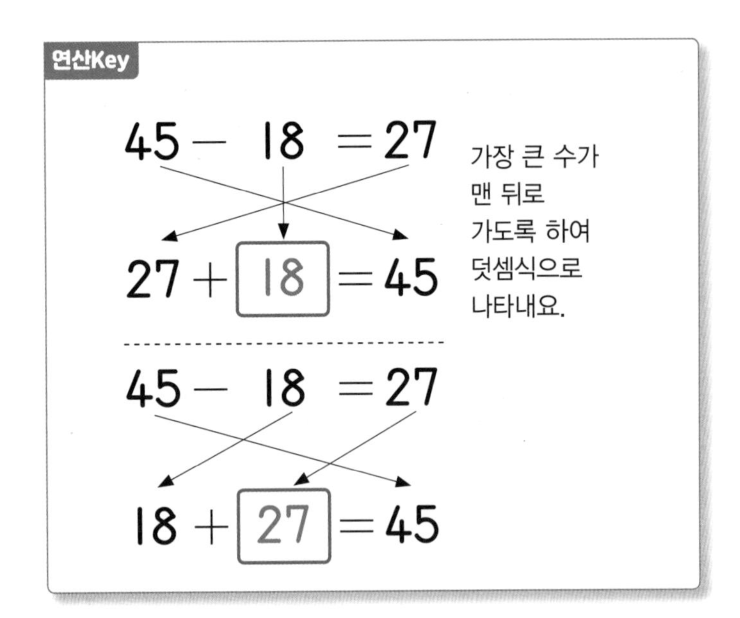

❶ 96 − 47 = 49

49 + □ = 96

❷ 96 − 47 = 49

47 + □ = 96

❸ 81 − 36 = 45

45 + □ = 81

❹ 81 − 36 = 45

36 + □ = 81

❺ 73 − 29 = 44

44 + □ = 73

❻ 73 − 29 = 44

29 + □ = 73

❼ 32 − 15 = 17

17 + □ = 32

❽ 32 − 15 = 17

15 + □ = 32

가장 큰 수가 맨 뒤로 가도록 하여 뺄셈식을 덧셈식으로 나타내요.

학습 점검	학습 날짜	걸린 시간	맞은 개수
	월 일	분 초	

241017-0960 ~ 241017-0969

9. $62 - 36 = 26$

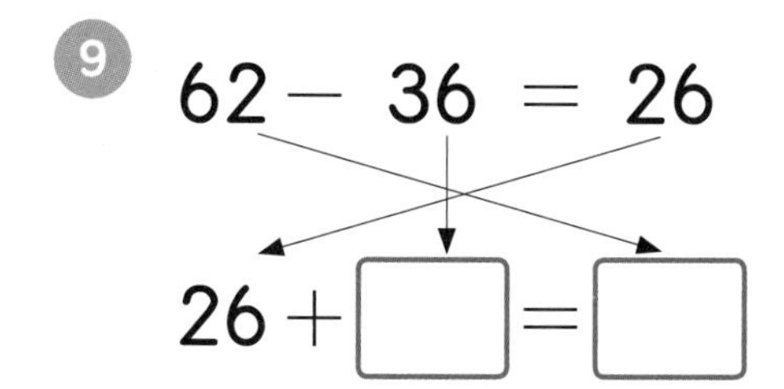

$26 + \square = \square$

10. $62 - 36 = 26$

$36 + \square = \square$

11. $83 - 65 = 18$

$18 + \square = \square$

12. $83 - 65 = 18$

$65 + \square = \square$

13. $53 - 7 = 46$

$46 + \square = \square$

14. $53 - 7 = 46$

$7 + \square = \square$

15. $75 - 29 = 46$

$46 + \square = \square$

16. $75 - 29 = 46$

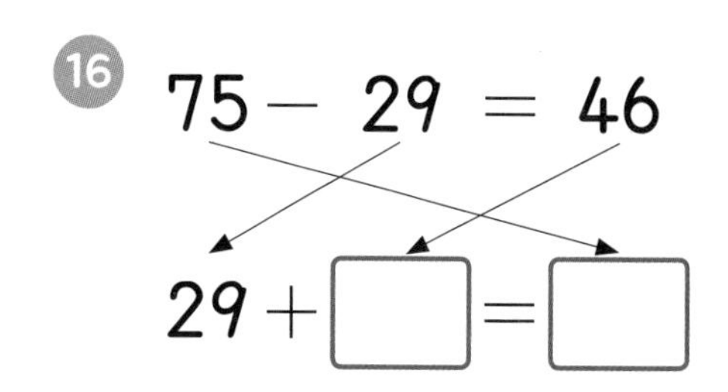

$29 + \square = \square$

17. $92 - 19 = 73$

$73 + \square = \square$

18. $92 - 19 = 73$

$19 + \square = \square$

뺄셈식을 덧셈식으로 나타내기 (2)

241017-0970 ~ 241017-0978

✽ 뺄셈식을 덧셈식으로 나타내세요.

연산Key

$70-56=14$ 70이 맨 뒤로 가도록 하여 덧셈식 두 개를 만들어요.

➡ $14+56=70$

$56+\boxed{14}=\boxed{70}$

1. $44-18=26$
   ➡ $26+18=44$
   $18+\square=\square$

2. $84-25=59$
   ➡ $59+25=84$
   $25+\square=\square$

3. $63-9=54$
   ➡ $54+9=63$
   $9+\square=\square$

4. $81-46=35$
   ➡ $35+46=81$
   $46+\square=\square$

5. $35-17=18$
   ➡ $17+18=35$
   $18+\square=\square$

6. $52-13=39$
   ➡ $13+39=52$
   $39+\square=\square$

7. $76-39=37$
   ➡ $39+37=76$
   $37+\square=\square$

8. $92-59=33$
   ➡ $59+33=92$
   $33+\square=\square$

9. $84-28=56$
   ➡ $28+56=84$
   $56+\square=\square$

빨셈식을 두 개의 덧셈식으로 나타내요.

학습 점검	학습 날짜	걸린 시간	맞은 개수
	월 일	분 초	

241017-0979 ~ 241017-0988

10 $31-14=17$

➡ $17+14=31$

$\square+\square=\square$

11 $62-25=37$

➡ $37+25=62$

$\square+\square=\square$

12 $53-8=45$

➡ $8+45=53$

$\square+\square=\square$

13 $83-19=64$

➡ $19+64=83$

$\square+\square=\square$

14 $87-78=9$

➡ $9+78=87$

$\square+\square=\square$

15 $92-57=35$

➡ $57+35=92$

$\square+\square=\square$

16 $75-29=46$

➡ $46+29=75$

$\square+\square=\square$

17 $66-37=29$

➡ $29+37=66$

$\square+\square=\square$

18 $91-37=54$

➡ $37+54=91$

$\square+\square=\square$

19 $44-25=19$

➡ $25+19=44$

$\square+\square=\square$

5일차 덧셈과 뺄셈의 관계를 식으로 나타내기

241017-0989 ~ 241017-0997

✿ 덧셈식 또는 뺄셈식을 보고 □ 안에 알맞은 수를 써넣으세요.

연산Key

$47+\boxed{25}=72$

➡ $\boxed{72}-47=25$

덧셈식의 맨 뒤의 수가 뺄셈식에서는 맨 앞으로 오도록 하여 빈칸에 알맞은 수를 써넣어요.

1. $\square+8=34$

   ➡ $34-\square=26$

2. $36+\square=73$

   ➡ $\square-37=36$

3. $60-\square=18$

   ➡ $\square+42=60$

4. $\square-39=49$

   ➡ $39+\square=88$

5. $95-68=\square$

   ➡ $27+\square=95$

6. $\square+38=55$

   ➡ $55-\square=17$

7. $68+18=\square$

   ➡ $86-\square=18$

8. $\square-27=24$

   ➡ $27+\square=51$

9. $80-\square=49$

   ➡ $49+31=\square$

덧셈식과 뺄셈식의 관계를 생각하여 □ 안에 알맞은 수를 넣어요.

학습 점검	학습 날짜	걸린 시간	맞은 개수
	월 일	분 초	

241017-0998 ~ 241017-1007

⑩ $12+\square=60$

➡ $\square-48=12$

⑪ $\square+38=55$

➡ $55-17=\square$

⑫ $82-\square=74$

➡ $\square+8=82$

⑬ $88+5=\square$

➡ $93-\square=5$

⑭ $45-\square=19$

➡ $19+26=\square$

⑮ $72-\square=16$

➡ $56+\square=72$

⑯ $29+\square=48$

➡ $\square-29=19$

⑰ $58+\square=83$

➡ $83-\square=25$

⑱ $\square+27=74$

➡ $74-\square=47$

⑲ $62-\square=29$

➡ $33+29=\square$

연산 8차시

□의 값 구하기

학습목표

❶ 덧셈식과 뺄셈식으로 나타낸 식에서 □의 값 구하는 계산 익히기

모르는 수를 □로 나타내서 덧셈식이나 뺄셈식을 만들었어.
그런데 이 □의 값은 어떻게 구하지?
이제 덧셈식이나 뺄셈식에서 □의 값을 구하는 방법을 공부해 보자.

원리 깨치기

❶ 덧셈식에서 □의 값을 구해 보아요

[6+□=10에서 □의 값 구하기]

(1) 그림으로 그려서 구하기

양쪽이 서로 같아지려면 왼쪽에 ●을 4개 그리면 됩니다. ➡ □=4

(2) 수직선을 이용하여 구하기

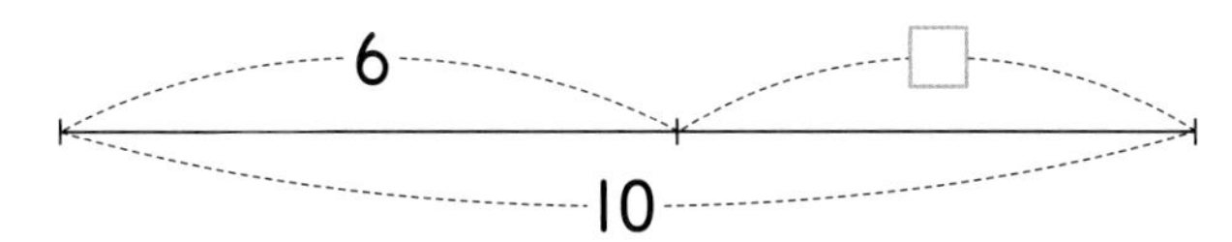

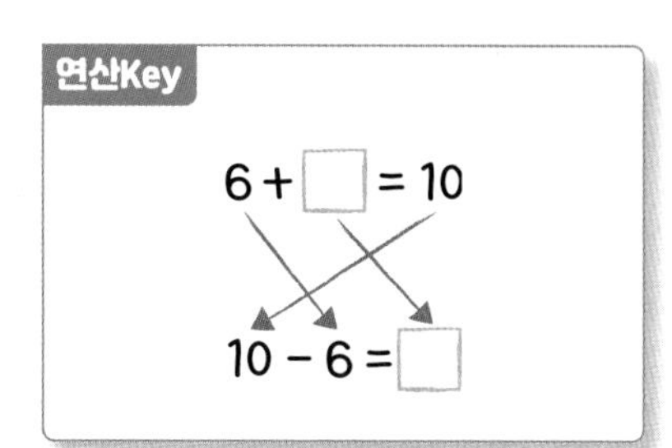

6에서 오른쪽으로 4칸 더 가면 10입니다. ➡ □=4

(3) 덧셈과 뺄셈의 관계를 이용하여 구하기

6+□=10 ➡ 10−6=□, □=4

❷ 뺄셈식에서 □의 값을 구해 보아요

[8−□=5에서 □의 값 구하기]

(1) 그림으로 그려서 구하기

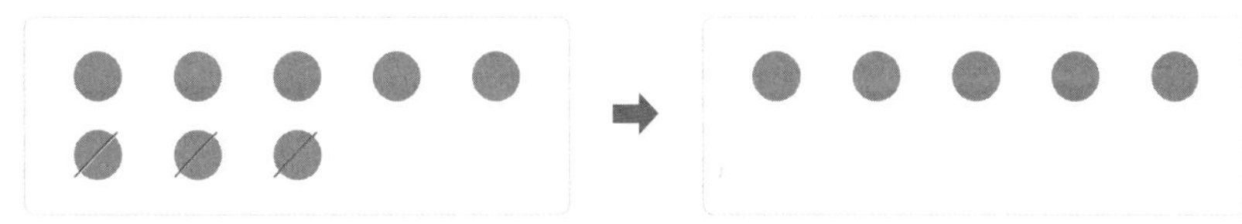

양쪽이 서로 같아지려면 왼쪽에서 ● 3개를 지우면 됩니다. ➡ □=3

(2) 수직선을 이용하여 구하기

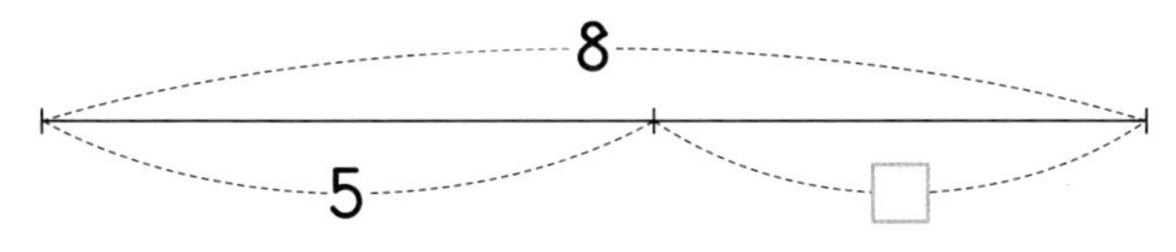

8에서 왼쪽으로 3칸 가면 5입니다. ➡ □=3

(3) 덧셈과 뺄셈의 관계를 이용하여 구하기

8−□=5 ➡ 8−5=□, □=3

연산Key

빼지는 수가 □인 경우

□ − 4 = 15

➡ 15 + 4 = □, □ = 19

이해 안 되는 내용이 있으면 **한번 더** 공부하고 연산력 키우기로 넘어가세요.

덧셈식에서 □의 값 구하기 (1)

241017-1008 ~ 241017-1020

□ 안에 알맞은 수를 써넣으세요.

연산Key

$$\begin{array}{r} \boxed{17} \\ +\ \ 9 \\ \hline 26 \end{array}$$ □=26−9 =17

$$\begin{array}{r} 18 \\ +\ \ \boxed{5} \\ \hline 23 \end{array}$$ □=23−18 =5

1. $$\begin{array}{r} 16 \\ +\ \square \\ \hline 72 \end{array}$$

2. $$\begin{array}{r} 46 \\ +\ \square \\ \hline 65 \end{array}$$

3. $$\begin{array}{r} \square \\ +\ 27 \\ \hline 90 \end{array}$$

4. $$\begin{array}{r} 33 \\ +\ \square \\ \hline 51 \end{array}$$

5. $$\begin{array}{r} \square \\ +\ 59 \\ \hline 84 \end{array}$$

6. $$\begin{array}{r} 26 \\ +\ \square \\ \hline 61 \end{array}$$

7. $$\begin{array}{r} \square \\ +\ 18 \\ \hline 67 \end{array}$$

8. $$\begin{array}{r} 35 \\ +\ \square \\ \hline 72 \end{array}$$

9. $$\begin{array}{r} 19 \\ +\ \square \\ \hline 46 \end{array}$$

10. $$\begin{array}{r} 66 \\ +\ \square \\ \hline 95 \end{array}$$

11. $$\begin{array}{r} 58 \\ +\ \square \\ \hline 82 \end{array}$$

12. $$\begin{array}{r} \square \\ +\ 36 \\ \hline 51 \end{array}$$

13. $$\begin{array}{r} \square \\ +\ \ 6 \\ \hline 20 \end{array}$$

두 수의 합에서 한 수를 빼면 나머지 한 수가 돼요.

학습 점검	학습 날짜	걸린 시간	맞은 개수
	월 일	분 초	

241017-1021 ~ 241017-1035

14. $18 + \square = 22$

15. $\square + 9 = 94$

16. $26 + \square = 73$

17. $\square + 35 = 81$

18. $27 + \square = 45$

19. $\square + 35 = 62$

20. $54 + \square = 71$

21. $62 + \square = 81$

22. $\square + 14 = 91$

23. $48 + \square = 94$

24. $25 + \square = 94$

25. $37 + \square = 73$

26. $\square + 15 = 80$

27. $28 + \square = 45$

28. $\square + 18 = 61$

연산력 키우기 **2일차**

덧셈식에서 □의 값 구하기 (2)

241017-1036 ~ 241017-1054

□ 안에 알맞은 수를 써넣으세요.

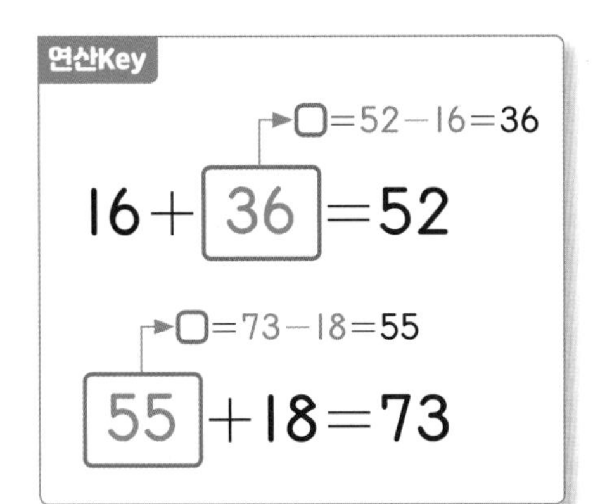

1. $12+\square=70$
2. $68+\square=76$
3. $48+\square=83$
4. $\square+43=97$
5. $47+\square=76$
6. $\square+38=81$
7. $\square+15=43$
8. $19+\square=26$
9. $\square+59=83$
10. $48+\square=61$
11. $28+\square=62$
12. $\square+34=92$
13. $39+\square=55$
14. $\square+25=61$
15. $29+\square=82$
16. $\square+28=42$
17. $58+\square=77$
18. $\square+27=84$
19. $\square+18=36$

5+★=9 ⇨ ★=9−5
★+4=7 ⇨ ★=7−4

학습 점검	학습 날짜	걸린 시간	맞은 개수
	월 일	분 초	

241017-1055 ~ 241017-1075

20. $18+\square=55$

21. $\square+55=91$

22. $54+\square=80$

23. $72+\square=91$

24. $\square+27=62$

25. $43+\square=92$

26. $\square+46=74$

27. $46+\square=71$

28. $\square+37=56$

29. $34+\square=92$

30. $\square+55=82$

31. $18+\square=45$

32. $19+\square=78$

33. $\square+28=67$

34. $35+\square=64$

35. $\square+63=91$

36. $\square+57=74$

37. $48+\square=77$

38. $42+\square=80$

39. $63+\square=92$

40. $\square+56=83$

뺄셈식에서 □의 값 구하기 (1)

241017-1076 ~ 241017-1088

□ 안에 알맞은 수를 써넣으세요.

연산Key

$$\begin{array}{r} 83 \\ -\boxed{35} \\ \hline 48 \end{array} \quad \square=83-48=35$$

$$\begin{array}{r} \boxed{50} \\ -32 \\ \hline 18 \end{array} \quad \square=18+32=50$$

1. $\begin{array}{r} 84 \\ -\square \\ \hline 75 \end{array}$

2. $\begin{array}{r} 96 \\ -\square \\ \hline 67 \end{array}$

3. $\begin{array}{r} 92 \\ -\square \\ \hline 78 \end{array}$

4. $\begin{array}{r} \square \\ -19 \\ \hline 56 \end{array}$

5. $\begin{array}{r} \square \\ -69 \\ \hline 25 \end{array}$

6. $\begin{array}{r} \square \\ -9 \\ \hline 54 \end{array}$

7. $\begin{array}{r} \square \\ -28 \\ \hline 53 \end{array}$

8. $\begin{array}{r} \square \\ -37 \\ \hline 28 \end{array}$

9. $\begin{array}{r} 62 \\ -\square \\ \hline 15 \end{array}$

10. $\begin{array}{r} 81 \\ -\square \\ \hline 45 \end{array}$

11. $\begin{array}{r} \square \\ -73 \\ \hline 17 \end{array}$

12. $\begin{array}{r} \square \\ -18 \\ \hline 39 \end{array}$

13. $\begin{array}{r} 92 \\ -\square \\ \hline 66 \end{array}$

빼는 수를 모르는 경우 빼지는 수에서 차를 빼고, 빼지는 수를 모르는 경우 차와 빼는 수를 더해요.

학습 점검	학습 날짜	걸린 시간	맞은 개수
	월 일	분 초	

241017-1089 ~ 241017-1103

⑭ $90 - \square = 36$

⑮ $\square - 45 = 27$

⑯ $53 - \square = 47$

⑰ $\square - 29 = 38$

⑱ $61 - \square = 33$

⑲ $\square - 38 = 37$

⑳ $68 - \square = 29$

㉑ $81 - \square = 34$

㉒ $\square - 8 = 57$

㉓ $63 - \square = 46$

㉔ $67 - \square = 29$

㉕ $\square - 47 = 25$

㉖ $\square - 36 = 27$

㉗ $\square - 38 = 18$

㉘ $60 - \square = 11$

4일차 뺄셈식에서 □의 값 구하기 (2)

241017-1104 ~ 241017-1122

□ 안에 알맞은 수를 써넣으세요.

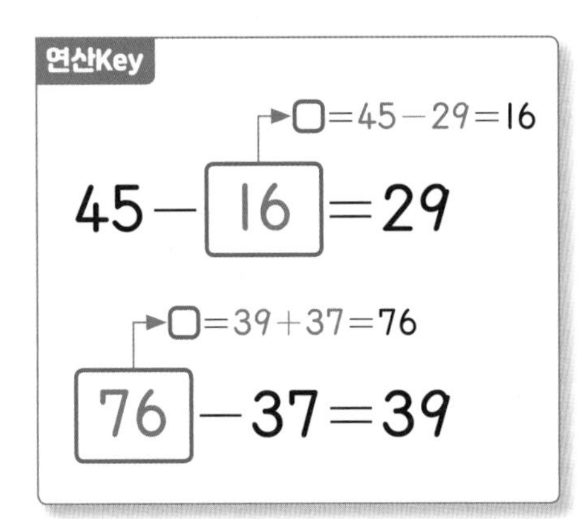

1. 54−□=37
2. □−55=35
3. 63−□=24
4. 72−□=46
5. □−38=57
6. □−5=46
7. 64−□=18
8. □−38=35
9. 60−□=32
10. □−44=38
11. □−16=17
12. 91−□=24
13. □−28=56
14. 83−□=47
15. □−48=19
16. □−17=43
17. 41−□=22
18. 93−□=47
19. □−58=17

$9-★=5 \Rightarrow ★=9-5$
$★-4=7 \Rightarrow ★=7+4$

학습 점검	학습 날짜	걸린 시간	맞은 개수
	월 일	분 초	

241017-1123 ~ 241017-1143

20 $82-\square=36$

27 $80-\square=73$

34 $\square-24=47$

21 $\square-49=42$

28 $53-\square=26$

35 $\square-51=29$

22 $\square-46=28$

29 $\square-19=54$

36 $93-\square=34$

23 $72-\square=53$

30 $81-\square=38$

37 $\square-26=55$

24 $83-\square=46$

31 $76-\square=49$

38 $61-\square=25$

25 $\square-6=39$

32 $\square-39=36$

39 $\square-9=81$

26 $93-\square=64$

33 $63-\square=45$

40 $64-\square=36$

연산력 키우기 **5일차** 빈칸에 알맞은 수 구하기

241017-1144 ~ 241017-1157

✿ 빈칸에 알맞은 수를 써넣으세요.

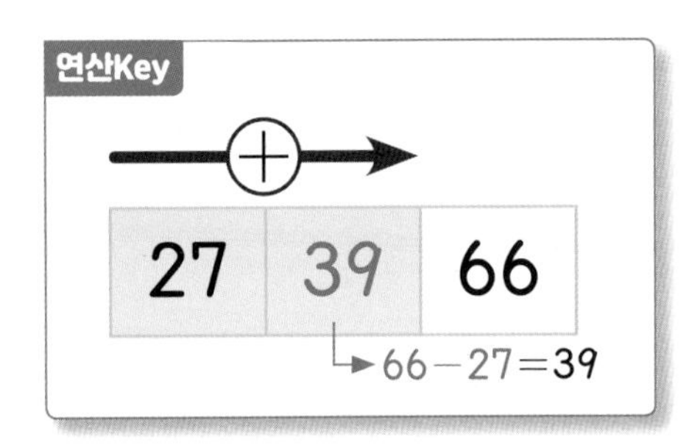

1
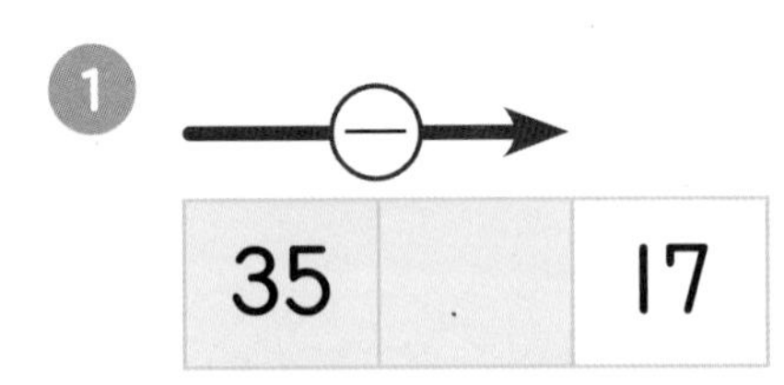

2 −

51		24

3 +

	74	93

4 −

90		64

5
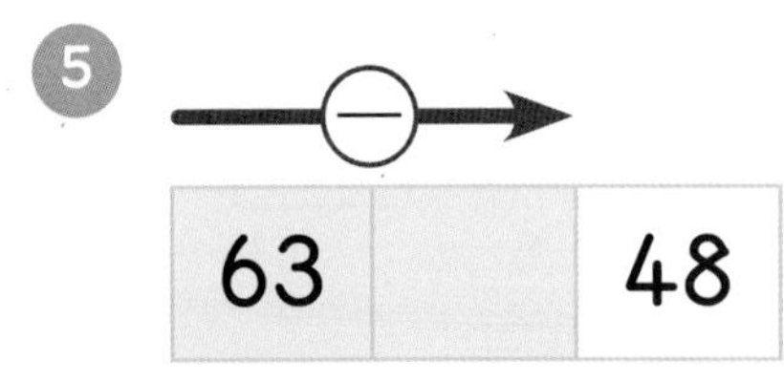

6
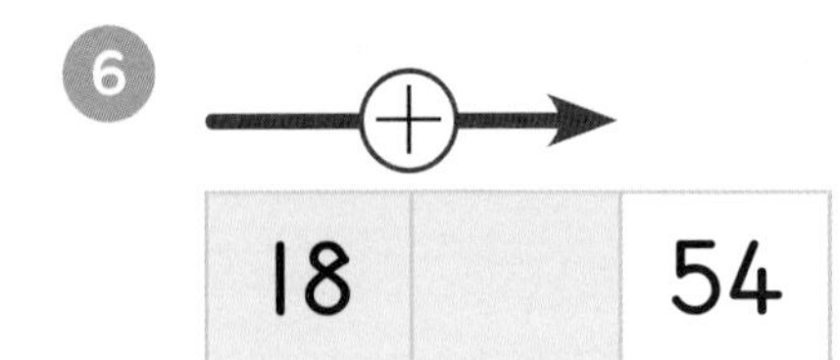

7
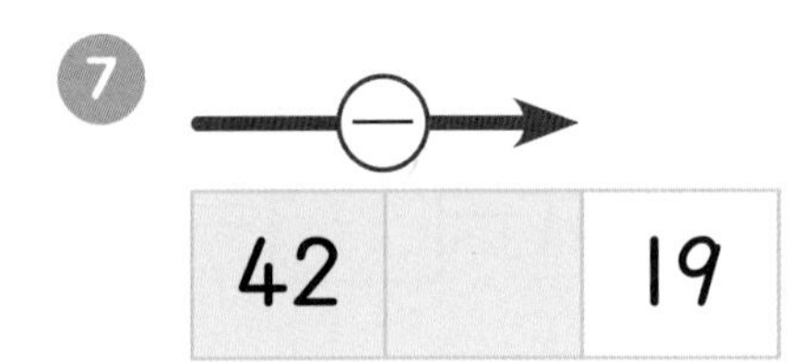

8
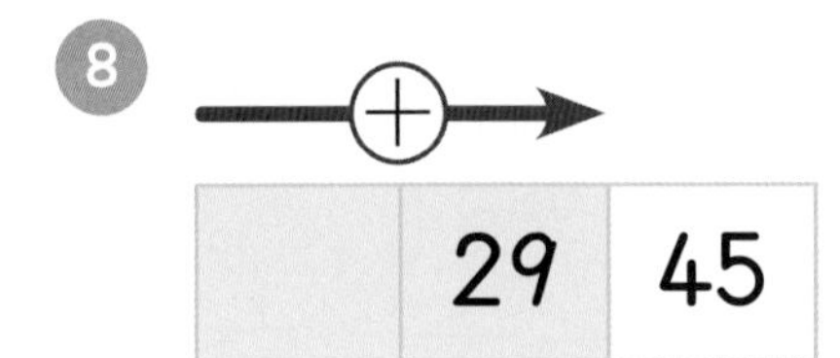

9
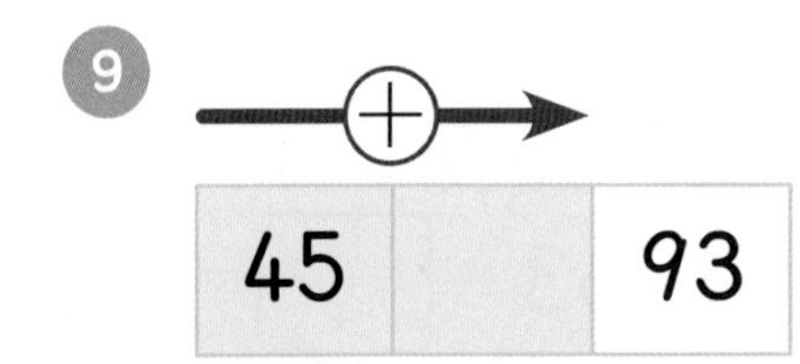

10
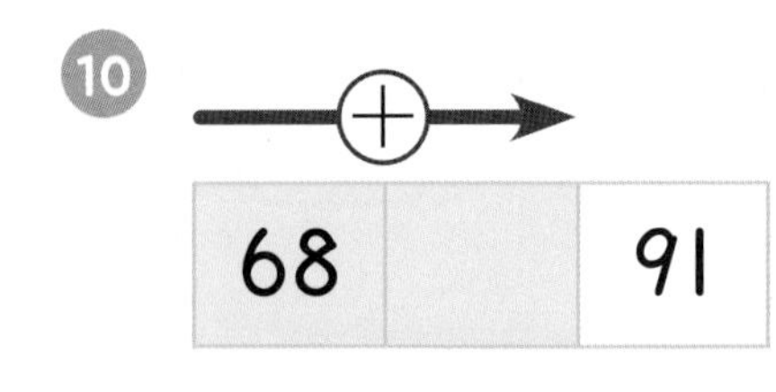

11
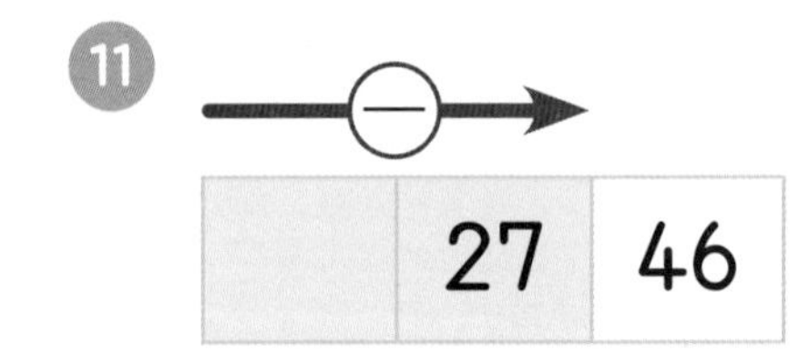

12
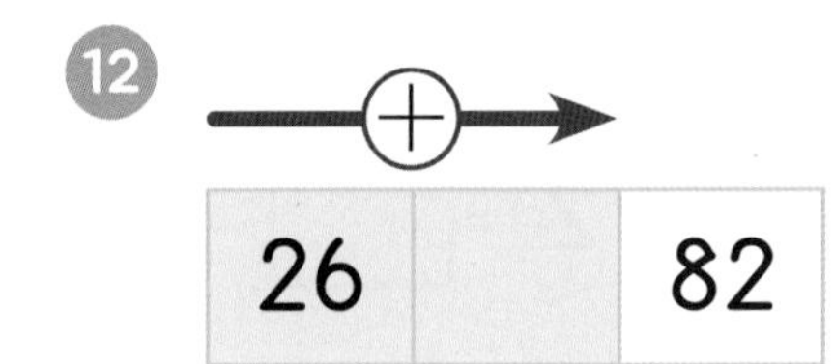

13
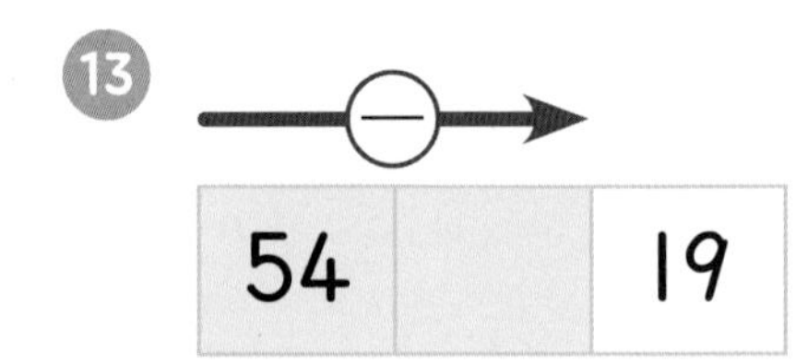

14
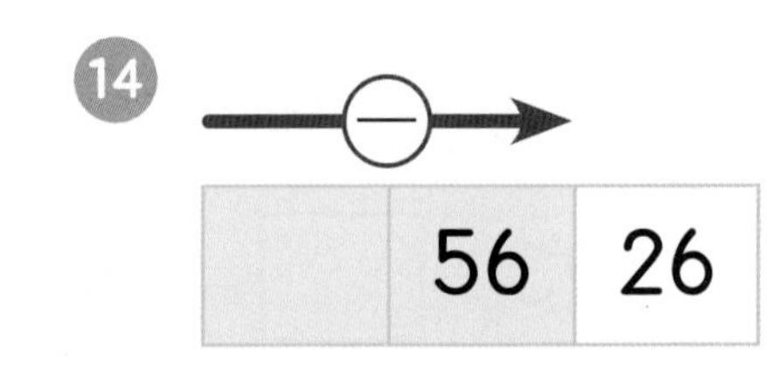

덧셈과 뺄셈의 관계를 생각하여 빈칸에 알맞은 수를 넣어요.

학습 점검	학습 날짜	걸린 시간	맞은 개수
	월 일	분 초	

241017-1158 ~ 241017-1172

15
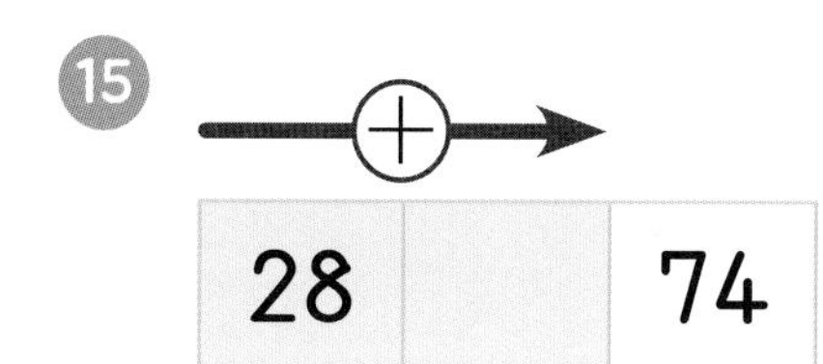

16
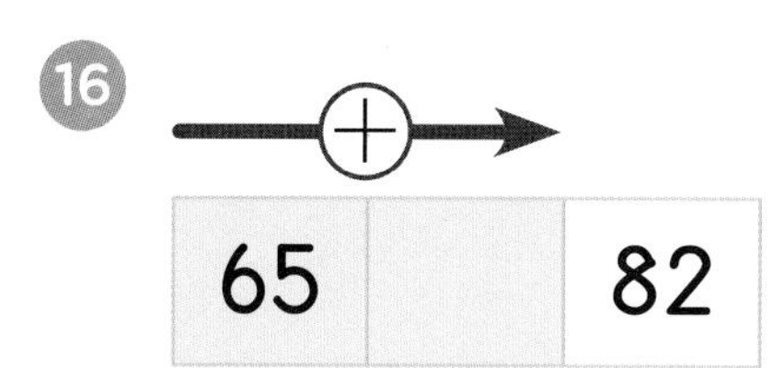

17
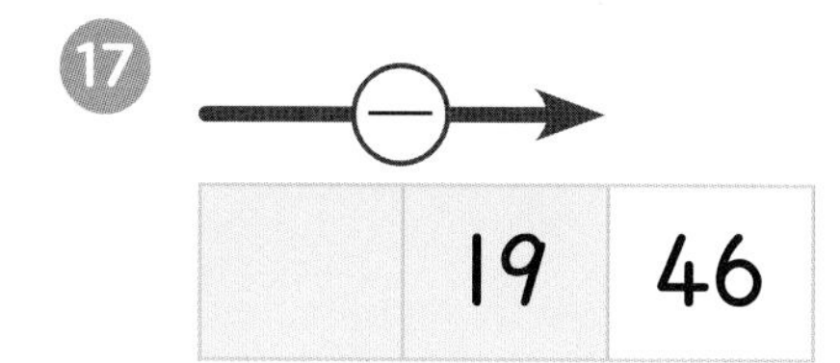

18

74		47

(−)

19

72		13

(−)

20
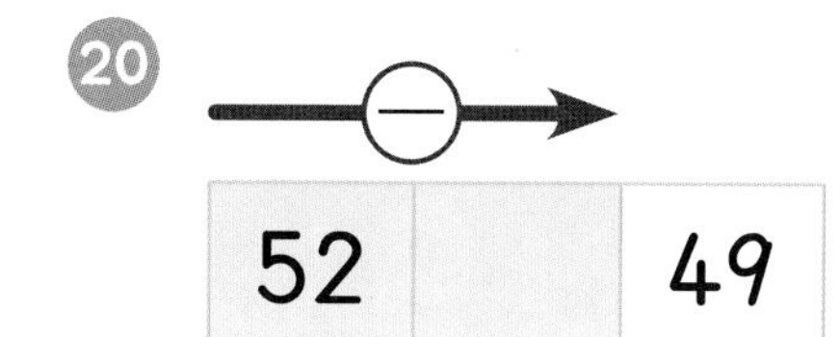

21
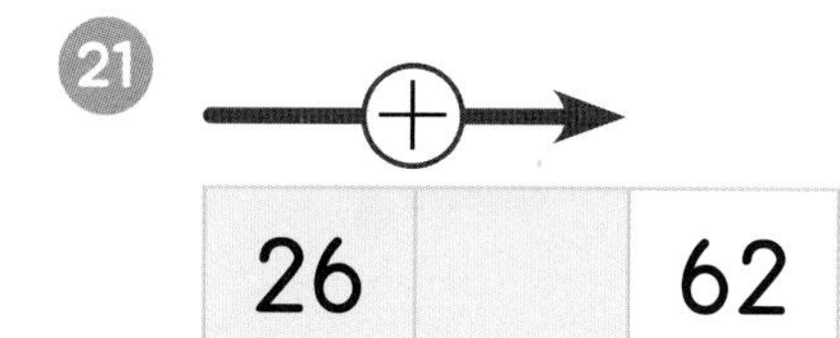

22

23

66		19

(−)

24
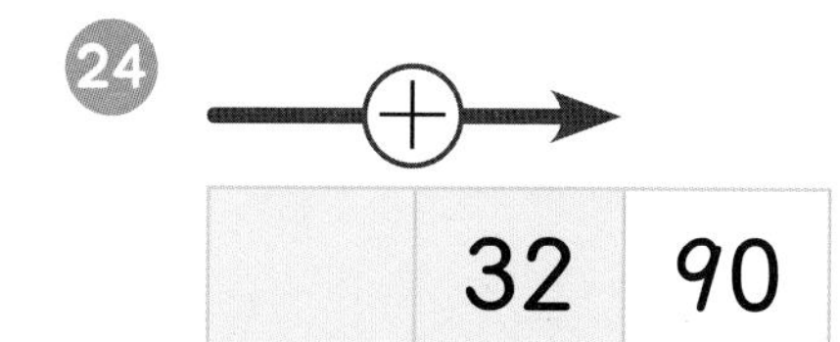

25
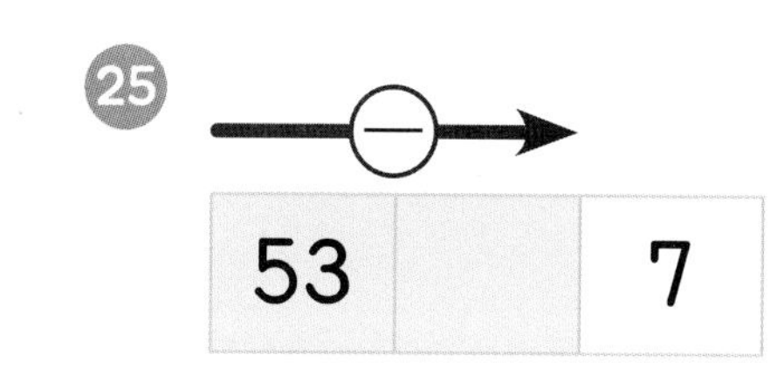

26
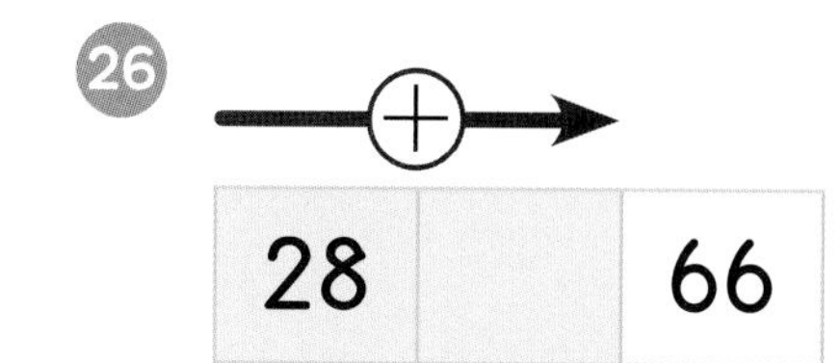

27
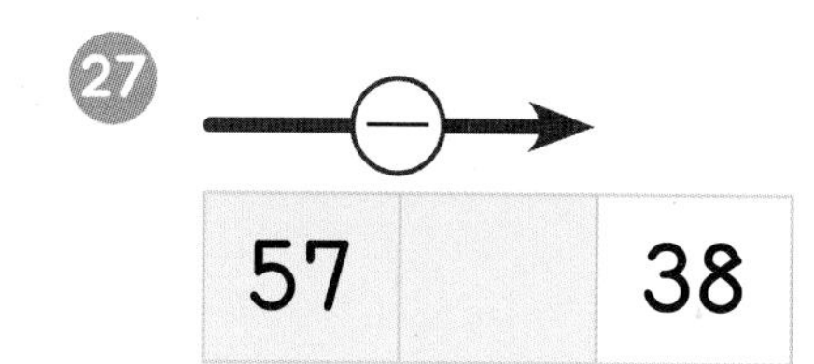

28
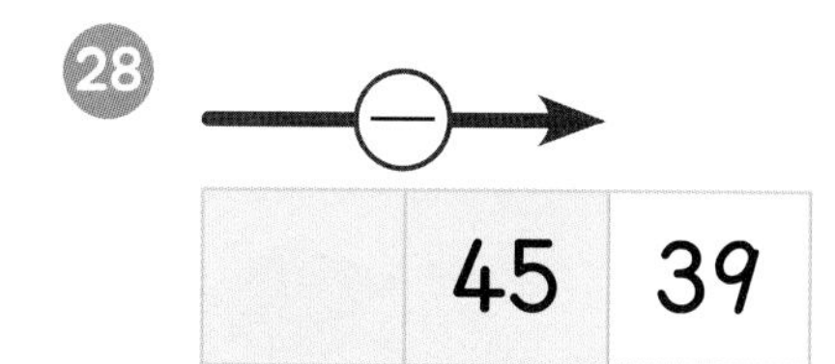

29
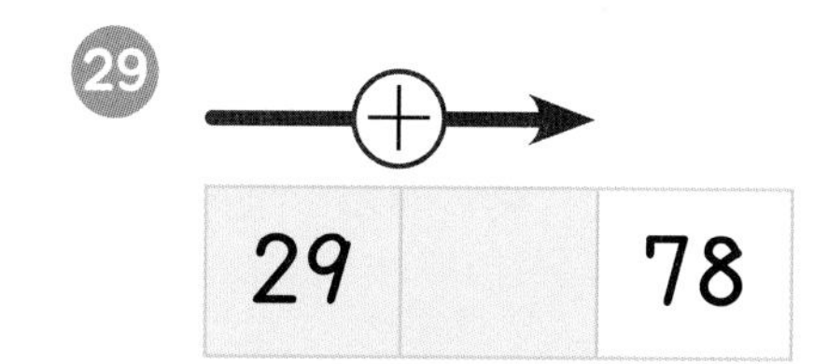

연산 9차시

세 수의 계산

학습목표

❶ 세 수의 계산 원리를 이해하고 계산 익히기

세 수를 계산하라고? 앞에 있는 수부터 먼저 계산하면 될까?
뒤에 있는 수부터 먼저 계산하면 결과가 달라진다고? 왜일까?
자, 이제 세 수를 계산하는 방법을 공부해 보자.

원리 깨치기

① 덧셈 또는 뺄셈만 있는 세 수의 계산

세 수의 계산은 앞에서부터 두 수씩 차례로 계산합니다.

• 세 수의 덧셈

$19+12+23=54$

31

54

$$\begin{array}{r} 19 \\ +12 \\ \hline 31 \end{array} \rightarrow \begin{array}{r} 31 \\ +23 \\ \hline 54 \end{array}$$

연산Key

세 수의 덧셈은 순서를 바꾸어 계산해도 계산 결과가 같아요.

22 + 37 + 13

59

72

= 22 + 37 + 13

50

72

• 세 수의 뺄셈

$54-16-13=25$

38

25

$$\begin{array}{r} 54 \\ -16 \\ \hline 38 \end{array} \rightarrow \begin{array}{r} 38 \\ -13 \\ \hline 25 \end{array}$$

② 덧셈과 뺄셈이 섞여 있는 세 수의 계산

세 수의 덧셈과 뺄셈이 같이 있는 계산은 앞에서부터 두 수씩 차례로 계산합니다.

$46+14-11=49$

60

49

$$\begin{array}{r} 46 \\ +14 \\ \hline 60 \end{array} \rightarrow \begin{array}{r} 60 \\ -11 \\ \hline 49 \end{array}$$

연산Key

세 수의 뺄셈이나 덧셈과 뺄셈이 같이 있는 식은 순서를 바꾸어 계산하면 계산 결과가 달라져요.

$51-17+29=63$

34

63

$$\begin{array}{r} 51 \\ -17 \\ \hline 34 \end{array} \rightarrow \begin{array}{r} 34 \\ +29 \\ \hline 63 \end{array}$$

이해 안 되는 내용이 있으면 **한번 더** 공부하고 연산력 키우기로 넘어가세요.

1일차 세 수의 덧셈

241017-1173 ~ 241017-1179

□ 안에 알맞은 수를 써넣으세요.

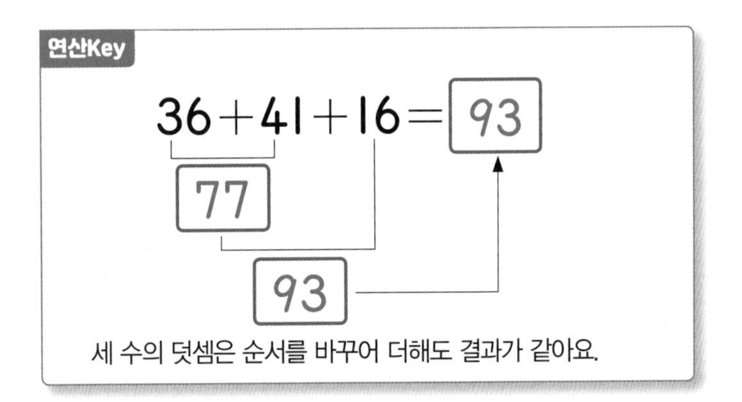

① $17+29+12=\square$

② $29+37+14=\square$

③ $52+19+17=\square$

④
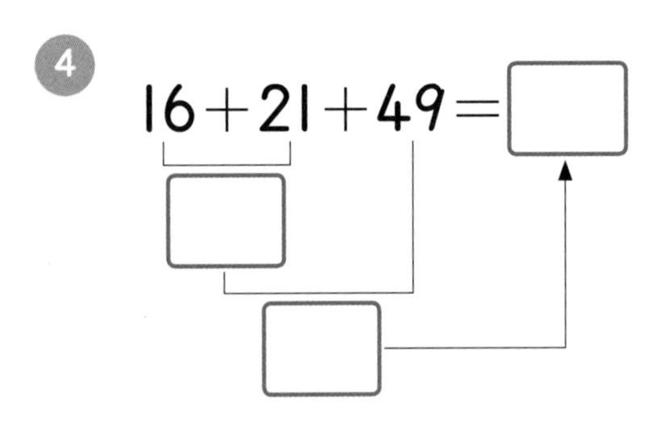

⑤
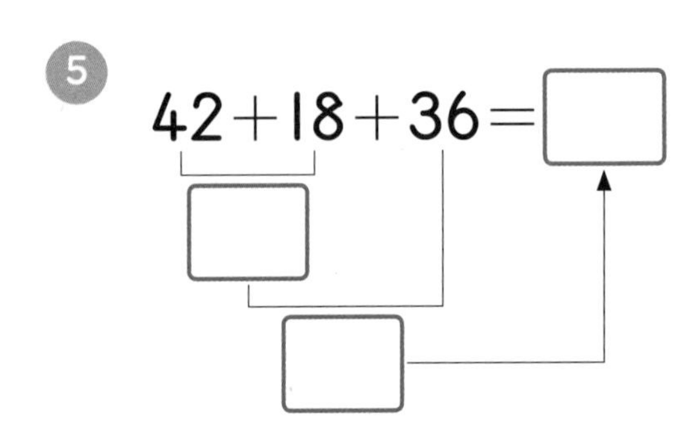

⑥
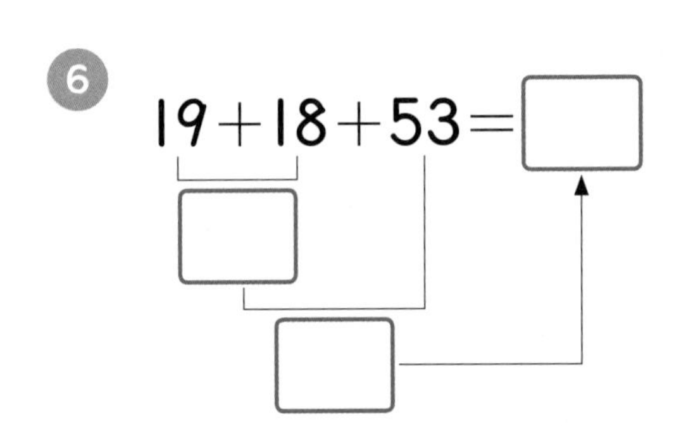

⑦
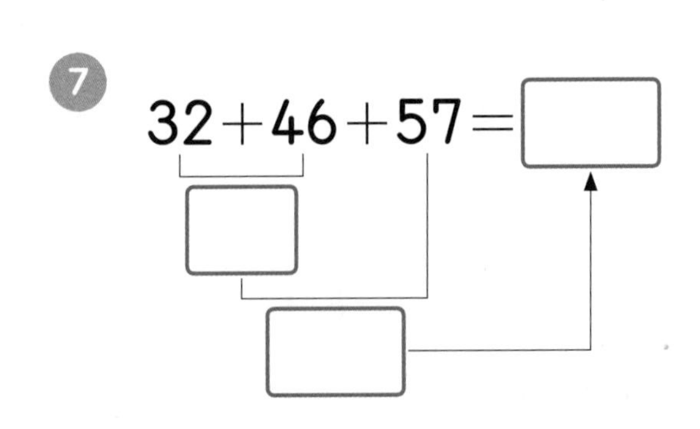

세 수의 덧셈은 순서에 상관없이 더해도 돼요.

학습 점검	학습 날짜		걸린 시간		맞은 개수
	월	일	분	초	

241017-1180 ~ 241017-1200

계산을 하세요.

8 $18+24+32$

9 $45+27+36$

10 $52+14+27$

11 $26+27+24$

12 $26+39+24$

13 $34+14+28$

14 $54+17+11$

15 $67+14+26$

16 $27+43+39$

17 $29+49+14$

18 $56+18+17$

19 $25+11+16$

20 $50+27+19$

21 $28+16+25$

22 $16+25+19$

23 $28+17+15$

24 $15+29+7$

25 $50+28+17$

26 $23+17+43$

27 $42+15+19$

28 $55+16+16$

2일차 세 수의 뺄셈

241017-1201 ~ 241017-1207

✽ □ 안에 알맞은 수를 써넣으세요.

연산Key

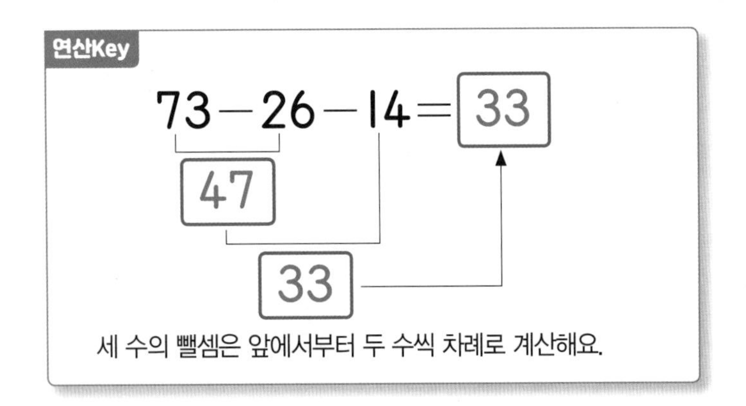

세 수의 뺄셈은 앞에서부터 두 수씩 차례로 계산해요.

❶

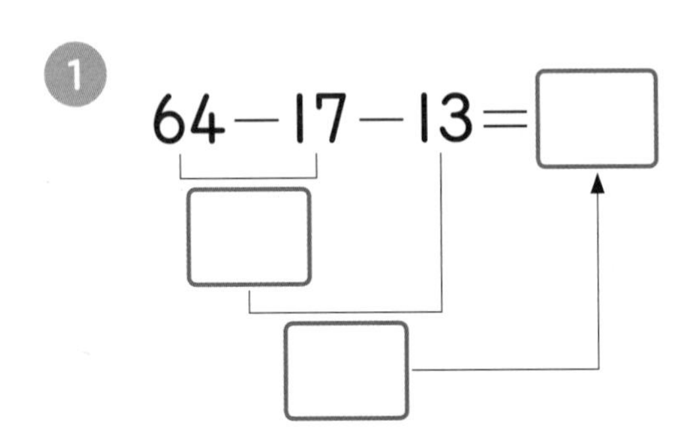

❷

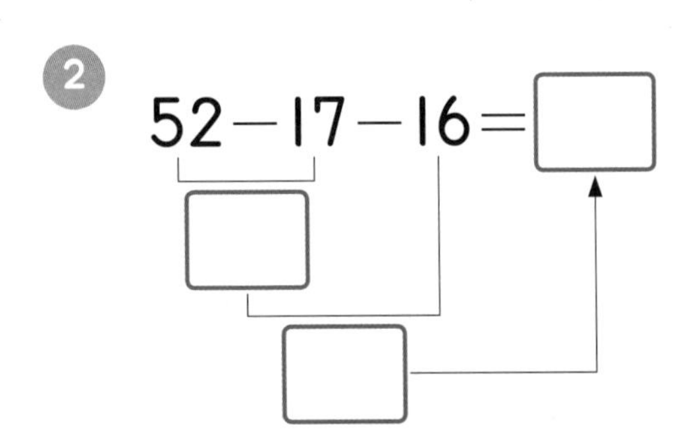

❸ $76-45-18=\square$

❹

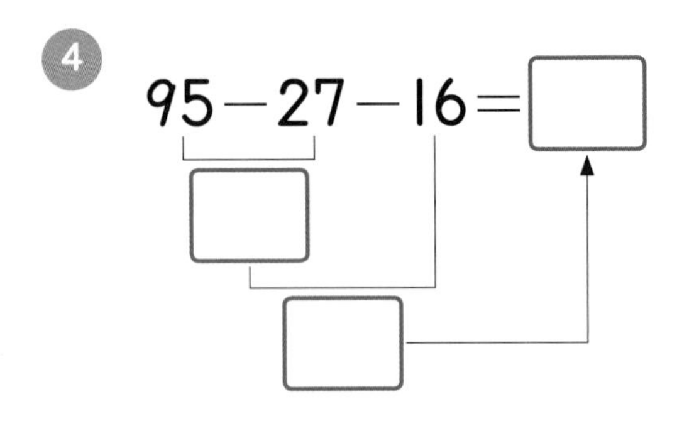

❺

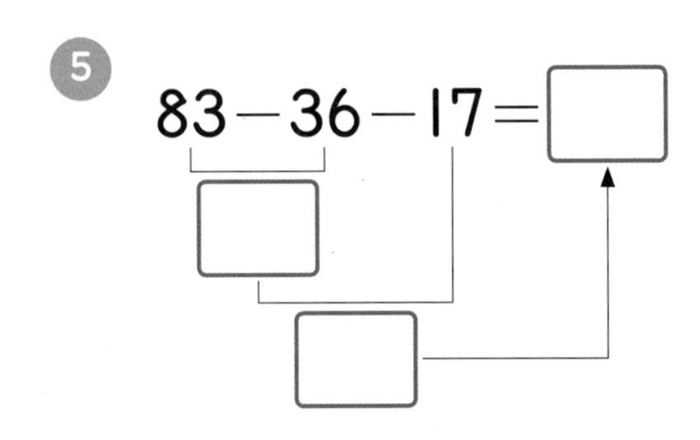

❻ $80-43-12=\square$

❼

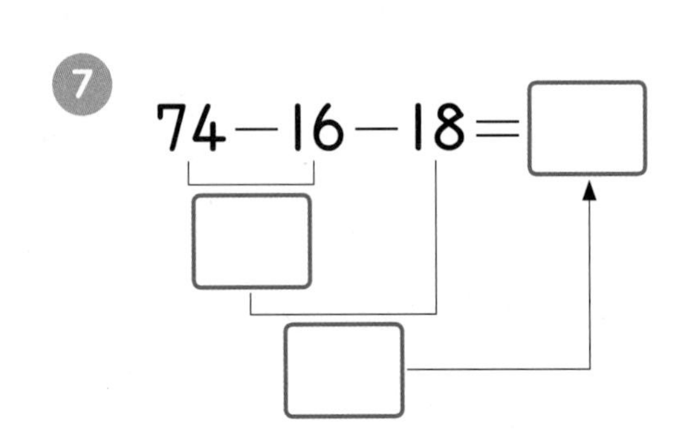

반드시 앞에서부터 차례로 계산해야 해요.

학습 점검	학습 날짜	걸린 시간	맞은 개수
	월 일	분 초	

241017-1208 ~ 241017-1228

계산을 하세요.

8. $41-13-17$

15. $85-37-12$

22. $71-29-27$

9. $45-17-11$

16. $38-19-8$

23. $90-41-31$

10. $51-27-9$

17. $91-36-16$

24. $66-34-23$

11. $67-29-19$

18. $68-18-27$

25. $48-19-23$

12. $93-17-27$

19. $83-51-9$

26. $95-28-15$

13. $81-18-28$

20. $52-14-28$

27. $82-36-18$

14. $77-39-14$

21. $46-19-19$

28. $57-8-11$

덧셈과 뺄셈이 섞여 있는 세 수의 계산

241017-1229 ~ 241017-1235

 □ 안에 알맞은 수를 써넣으세요.

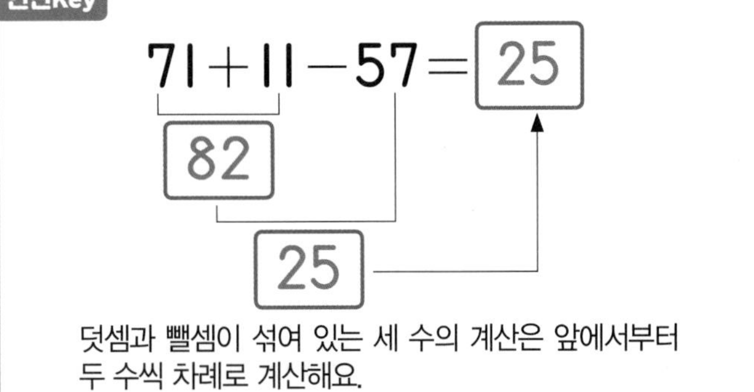

1. $36+19-37=\square$

2. $49+13-26=\square$

3. $42+11-27=\square$

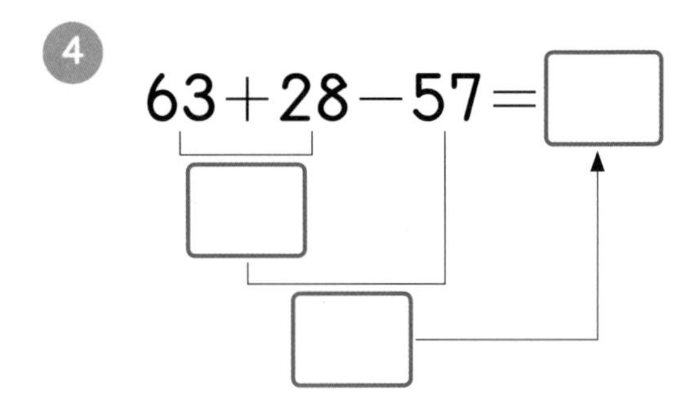

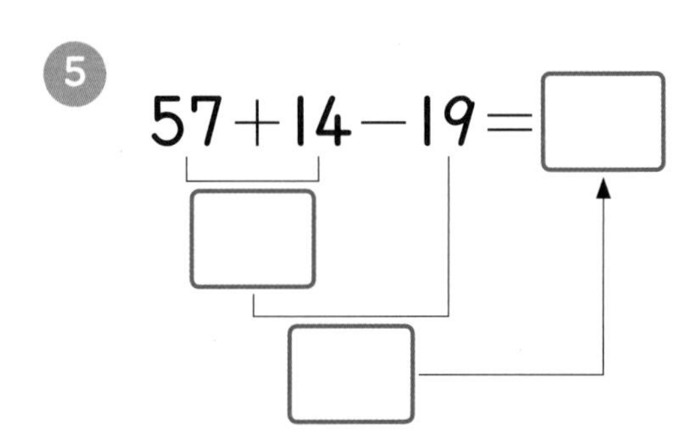

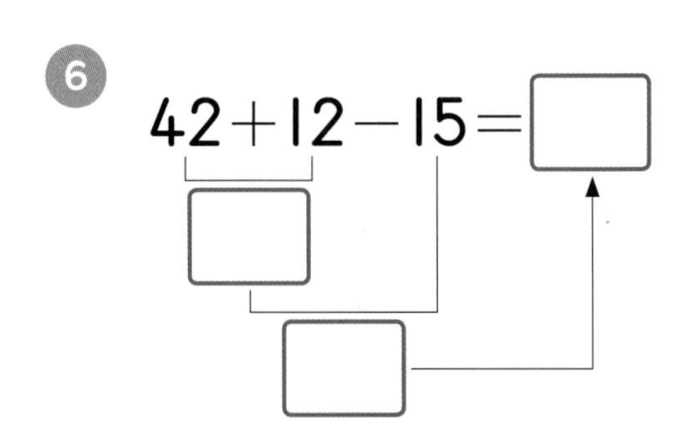

7. $75+16-87=\square$

앞에서부터 두 수씩 차례로 계산해요.

학습 점검	학습 날짜	걸린 시간	맞은 개수
	월 일	분 초	

241017-1236 ~ 241017-1253

계산을 하세요.

⑧ $45+27-16$

⑨ $52+12-15$

⑩ $31+14-26$

⑪ $20+8-19$

⑫ $29+17-29$

⑬ $53+19-24$

⑭ $17+26-16$

⑮ $15+25-2$

⑯ $77+14-17$

⑰ $68+19-52$

⑱ $31+28-45$

⑲ $56+37-78$

⑳ $43+42-58$

㉑ $32+63-28$

㉒ $56+19-37$

㉓ $67+24-16$

㉔ $32+31-44$

㉕ $15+26-9$

연산력 키우기 **4일차**

뺄셈과 덧셈이 섞여 있는 세 수의 계산

241017-1254 ~ 241017-1260

□ 안에 알맞은 수를 써넣으세요.

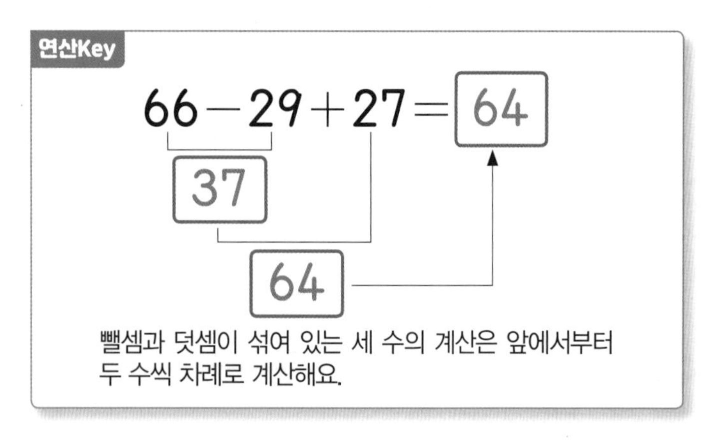

④
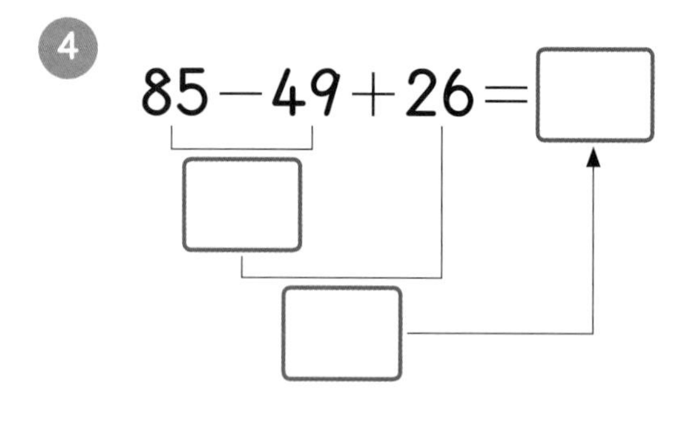

①
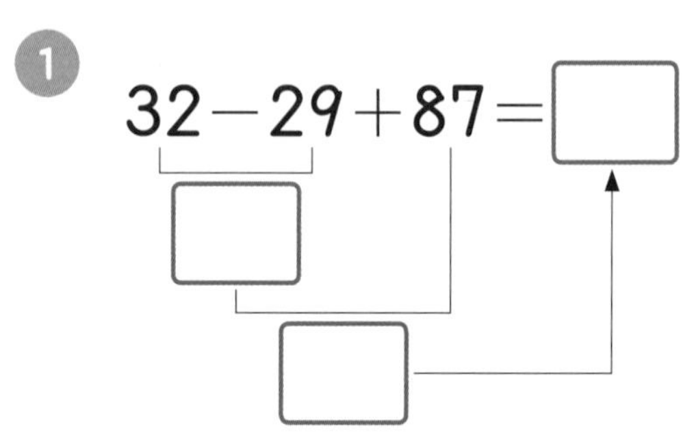

⑤
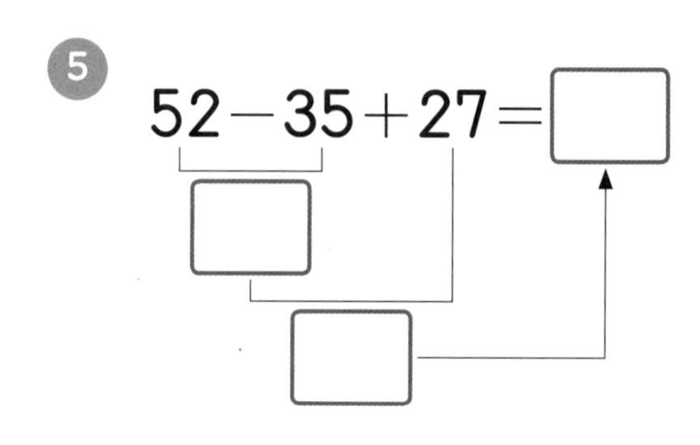

② $46-28+19=\square$

⑥
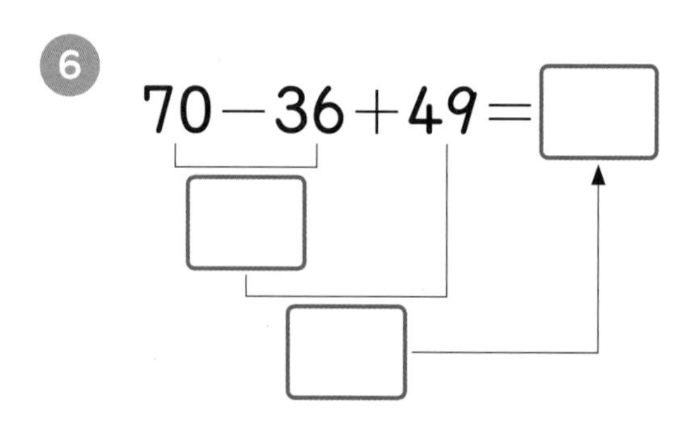

③ $43-14+36=\square$

⑦
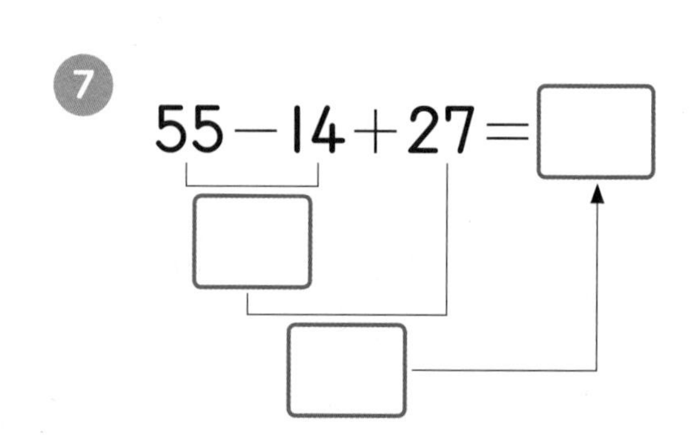

앞에서부터 계산하지 않으면 계산 결과가 달라질 수 있어요.

학습 점검	학습 날짜		걸린 시간		맞은 개수
	월	일	분	초	

241017-1261 ~ 241017-1278

계산을 하세요.

8 $51-28+29$

9 $82-65+26$

10 $65-29+45$

11 $96-57+39$

12 $23-14+89$

13 $72-45+28$

14 $60-17+53$

15 $71-37+44$

16 $42-23+49$

17 $22-18+77$

18 $52-28+44$

19 $48-25+37$

20 $86-27+79$

21 $44-16+27$

22 $43-25+14$

23 $82-66+26$

24 $46-27+51$

25 $76-19+17$

세 수의 계산

241017-1279 ~ 241017-1297

계산을 하세요.

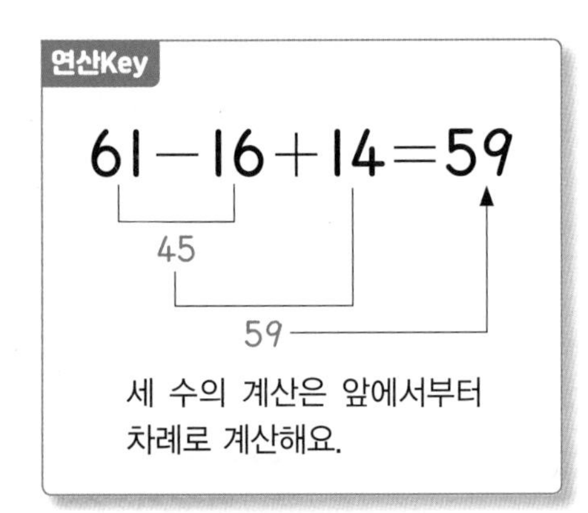

① $26+37+19$

② $57+14+29$

③ $71-23-28$

④ $38+26-17$

⑤ $26+15-18$

⑥ $82-25+14$

⑦ $70-45+24$

⑧ $44+27-18$

⑨ $36+24+47$

⑩ $55-16+13$

⑪ $55-17+27$

⑫ $84-39+29$

⑬ $47-29+84$

⑭ $70-18+39$

⑮ $46+25+17$

⑯ $43+17+65$

⑰ $86-39+24$

⑱ $46-19-12$

⑲ $91-37-28$

세 수의 계산은 앞에서부터 차례로 계산해요.

학습 점검	학습 날짜	걸린 시간	맞은 개수
	월 일	분 초	

241017-1298 ~ 241017-1318

⑳ $24+49-17$

㉑ $97-29-14$

㉒ $64+18-56$

㉓ $68-59+26$

㉔ $72-34+16$

㉕ $57-35+48$

㉖ $34-16+81$

㉗ $43-27+36$

㉘ $73+19+16$

㉙ $63-18-18$

㉚ $38+52-36$

㉛ $80+13-87$

㉜ $67+14-28$

㉝ $19+27+36$

㉞ $83-17+35$

㉟ $36+55-47$

36 $75-58+26$

37 $47+7+18$

38 $44-19+26$

39 $58-15-19$

40 $91-68+41$

연산 10차시

여러 가지 방법으로 세기

학습목표

1. 몇씩 몇 묶음으로 묶어 세기
2. 여러 가지 방법으로 묶어 세기

물건을 셀 때는 하나씩 세는 방법도 있지만 너무 오래 걸릴 때가 있지?
이럴 땐 같은 개수만큼씩 묶어 세기를 하면 훨씬 편리해.
몇 개씩 몇 묶음이 되는 물건의 개수를 세는 연습을 해 보고
곱셈의 기초 실력을 쌓아 보자.

원리 깨치기

❶ 묶어 세 보아요

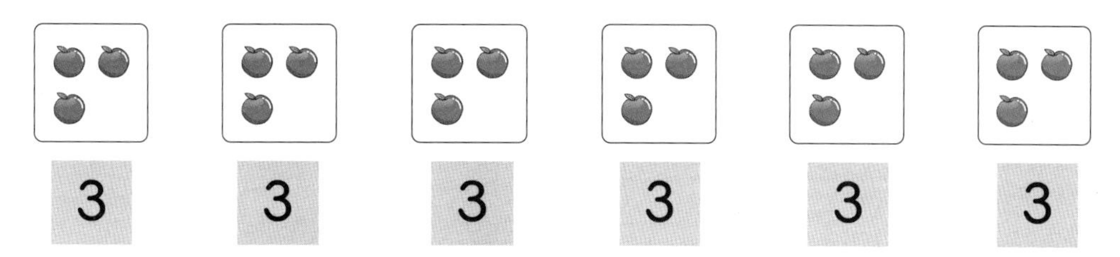

3씩 6묶음

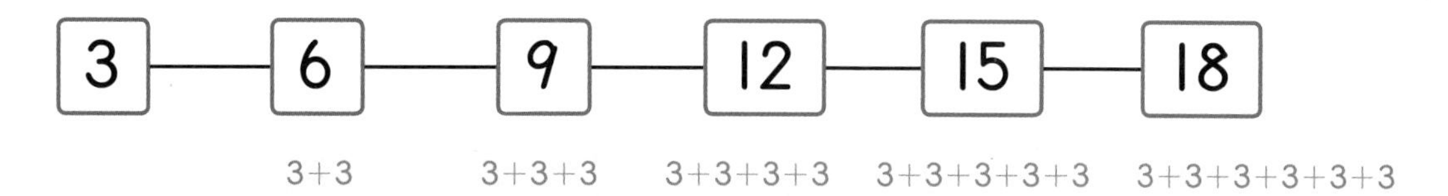

➡ 3씩 묶어 세기는 3씩 더하면서 세는 것과 같습니다.

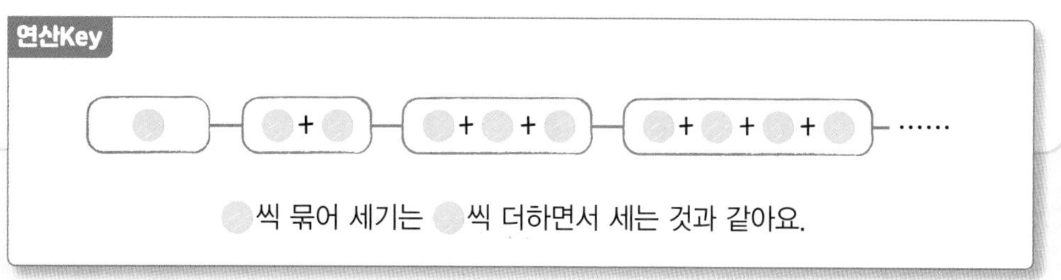

❷ 여러 가지 방법으로 묶어 세 보아요

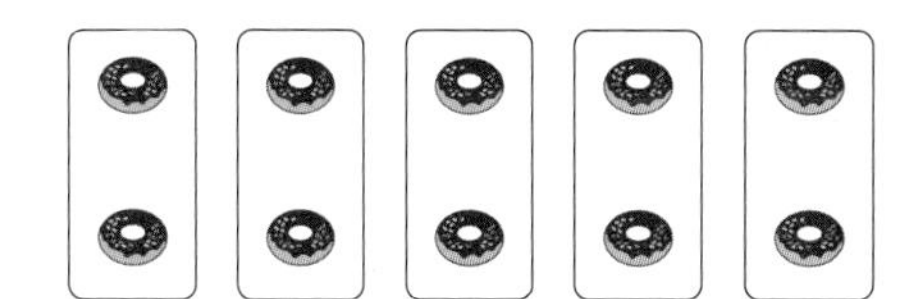

도넛을 2개씩 묶으면 모두 5묶음이 됩니다.

2씩 5묶음

➡ 도넛은 모두 10개입니다.

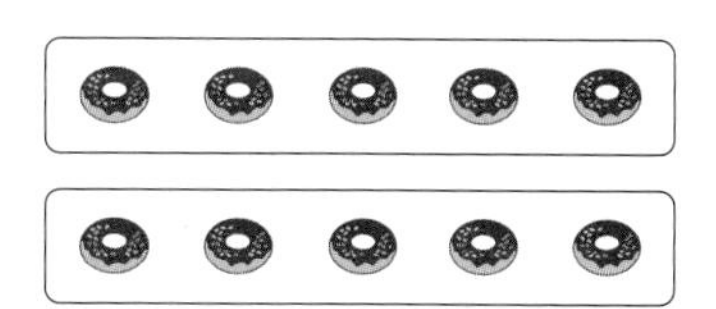

도넛을 5개씩 묶으면 모두 2묶음이 됩니다.

5씩 2묶음

➡ 도넛은 모두 10개입니다.

이해 안 되는 내용이 있으면 **한번 더** 공부하고 연산력 키우기로 넘어가세요.

연산력 키우기

1일차 몇씩 몇 묶음 (1)

241017-1319 ~ 241017-1323

그림을 보고 □ 안에 알맞은 수를 써넣으세요.

연산Key

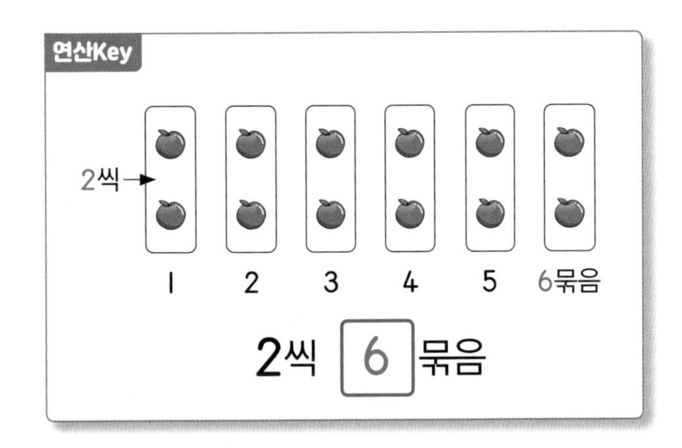

3

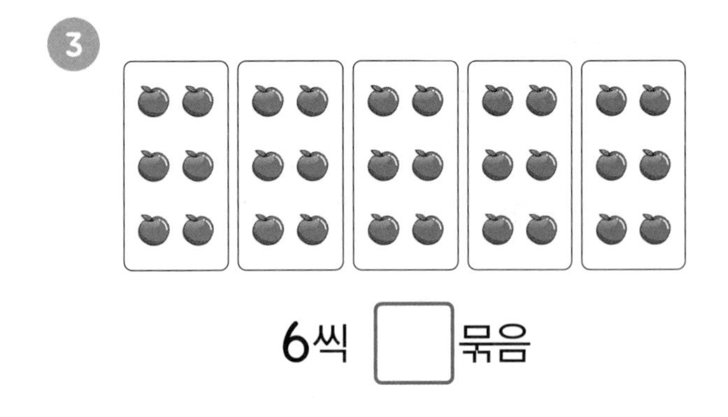

6씩 □ 묶음

1

3씩 □ 묶음

4

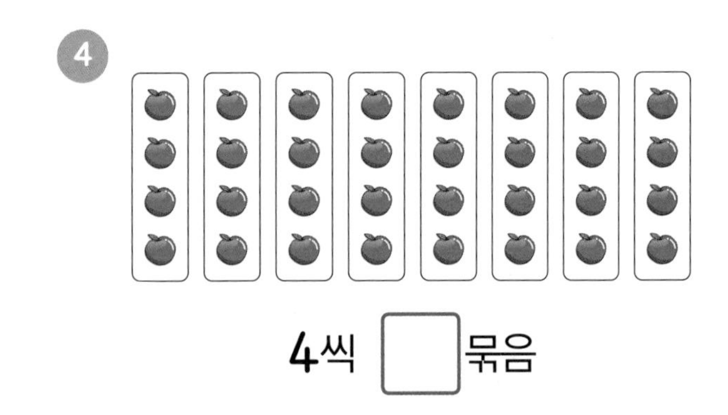

4씩 □ 묶음

2

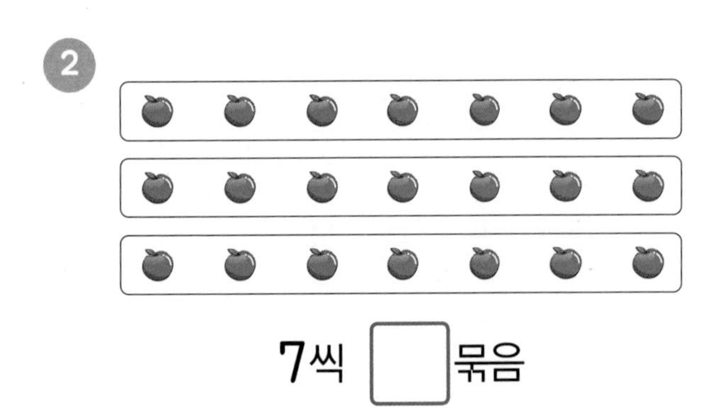

7씩 □ 묶음

5

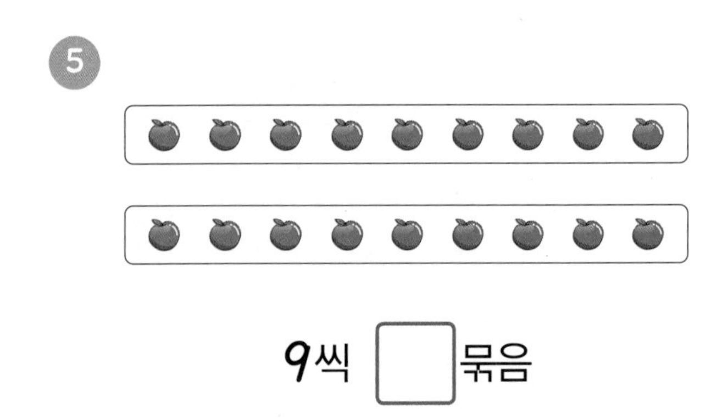

9씩 □ 묶음

묶음 안의 수와 묶음 수를 구분해서 ▲씩 ●묶음이라고 해요.

학습 점검	학습 날짜	걸린 시간	맞은 개수
	월 일	분 초	

241017-1324 ~ 241017-1329

6
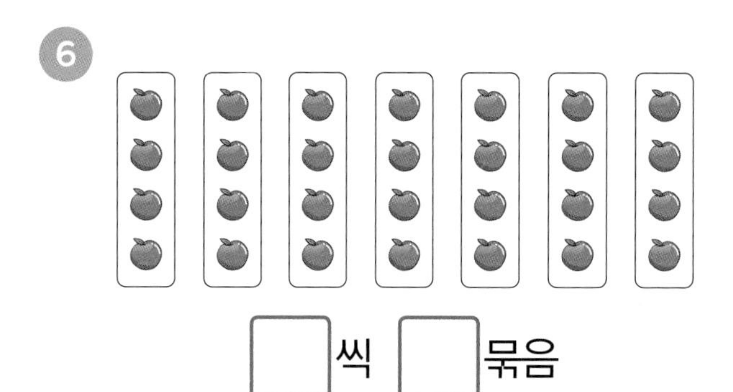

□씩 □묶음

9
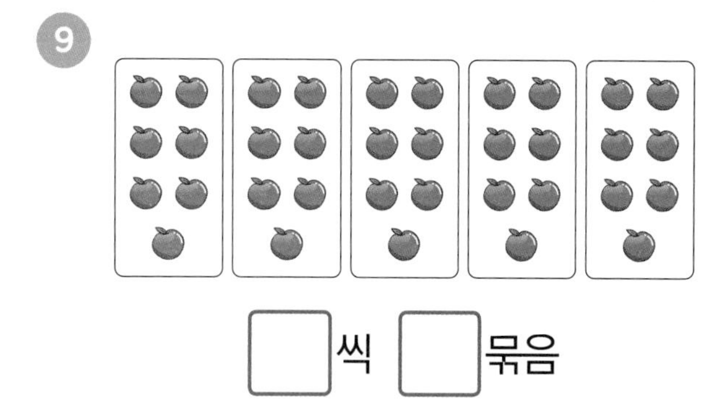

□씩 □묶음

7
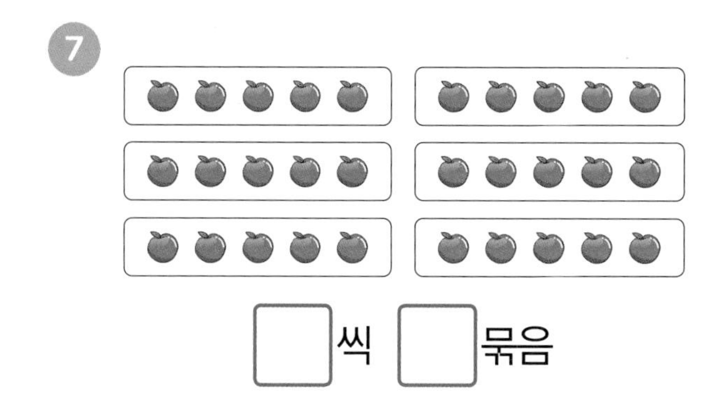

□씩 □묶음

10
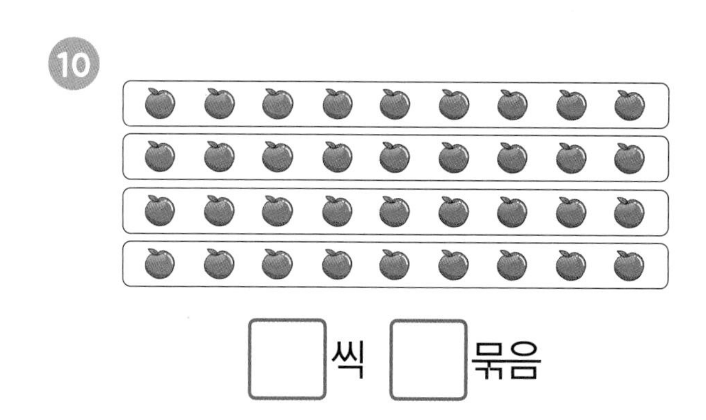

□씩 □묶음

8
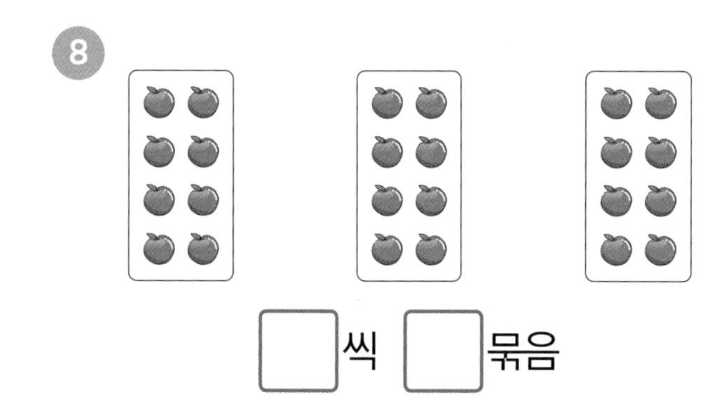

□씩 □묶음

11
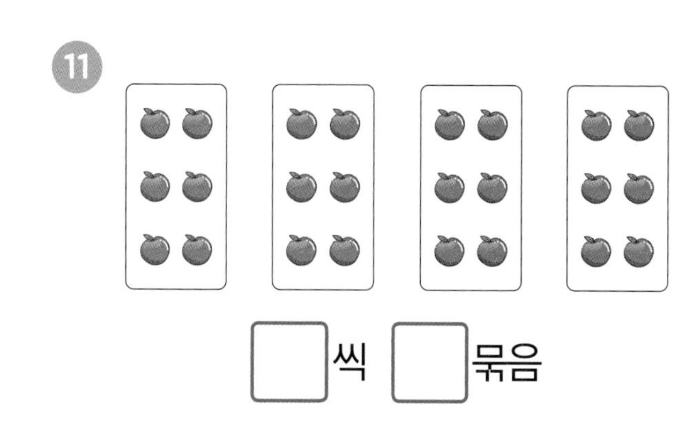

□씩 □묶음

연산력 키우기

2일차 몇씩 몇 묶음 (2)

241017-1330 ~ 241017-1334

✽ 그림을 보고 □ 안에 알맞은 수를 써넣으세요.

연산Key

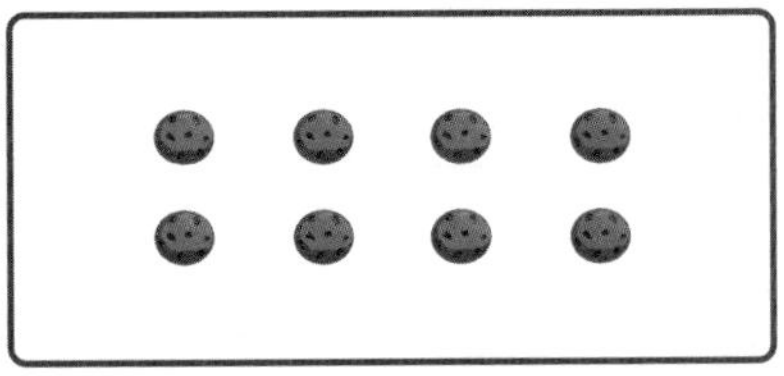

4씩 [2] 묶음 2씩 [4] 묶음

4씩 묶어 세면 2묶음이고, 2씩 묶어 세면 4묶음이에요.

3

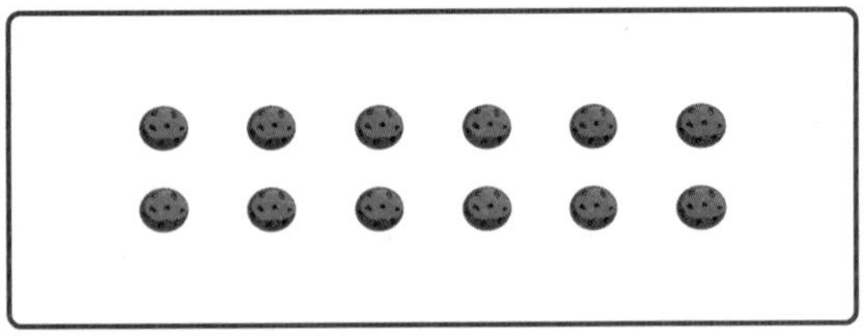

9씩 □ 묶음 2씩 □ 묶음

1

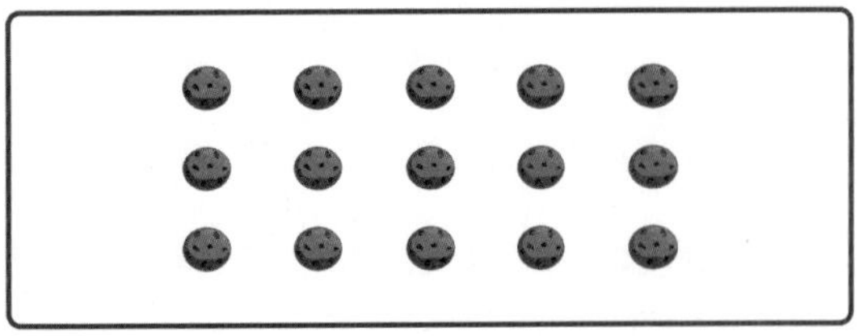

6씩 □ 묶음 2씩 □ 묶음

4

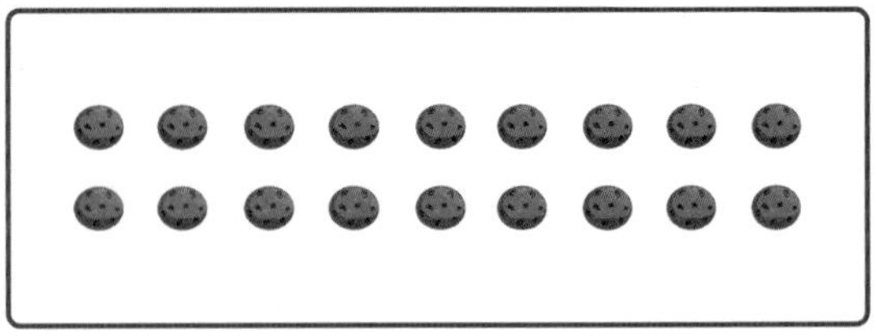

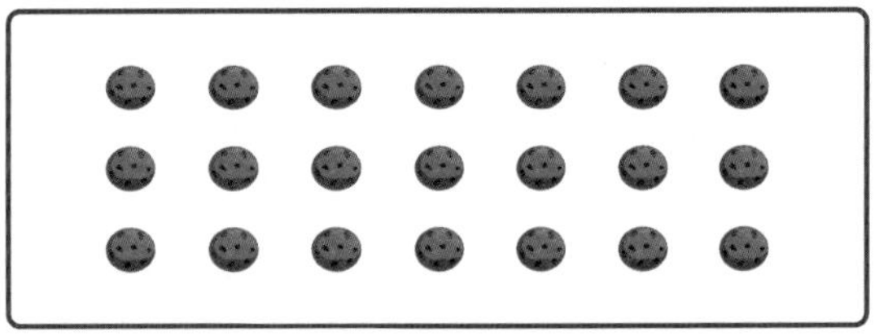

7씩 □ 묶음 3씩 □ 묶음

2

5씩 □ 묶음 3씩 □ 묶음

5

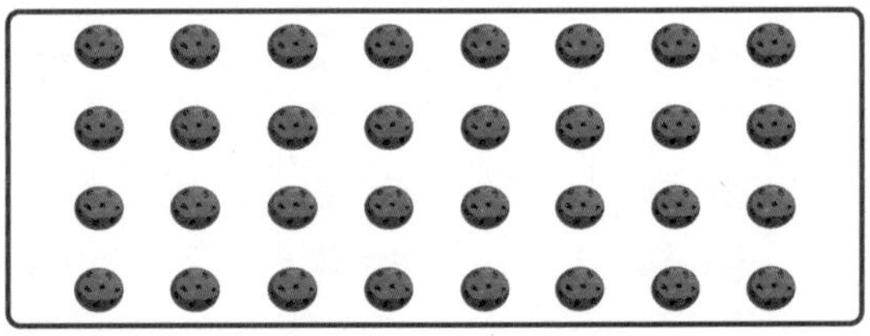

8씩 □ 묶음 4씩 □ 묶음

가로로 묶으면 ▲씩 ●묶음이, 세로로 묶으면 ●씩 ▲묶음이 돼요.

학습 점검	학습 날짜		걸린 시간		맞은 개수
	월	일	분	초	

241017-1335 ~ 241017-1340

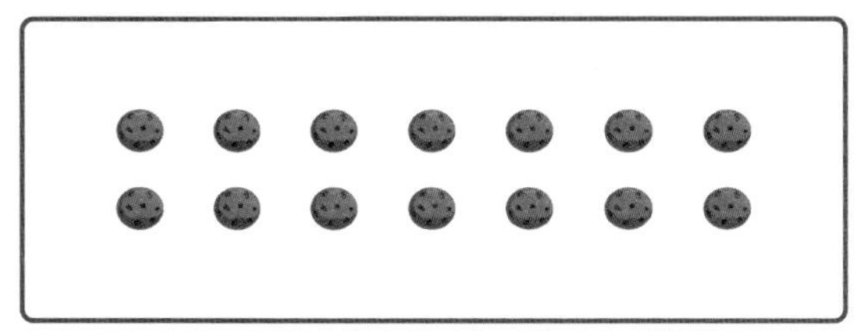

7씩 ☐ 묶음 2씩 ☐ 묶음

7

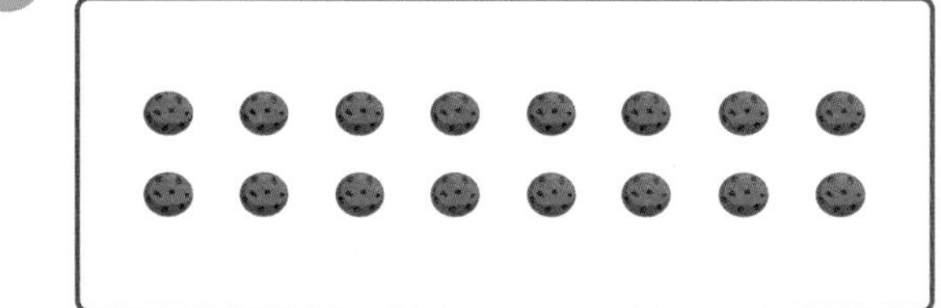

8씩 ☐ 묶음 2씩 ☐ 묶음

8

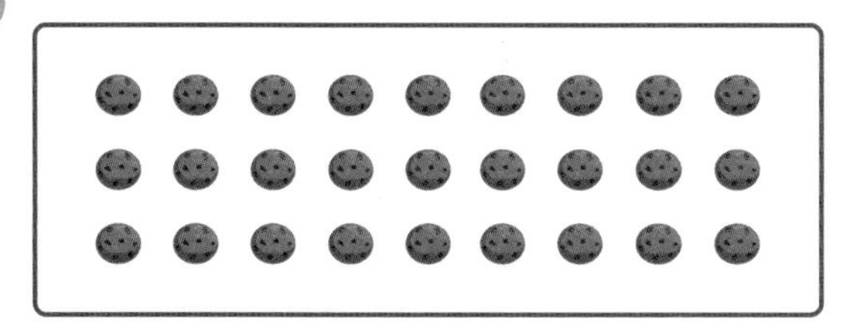

9씩 ☐ 묶음 3씩 ☐ 묶음

9

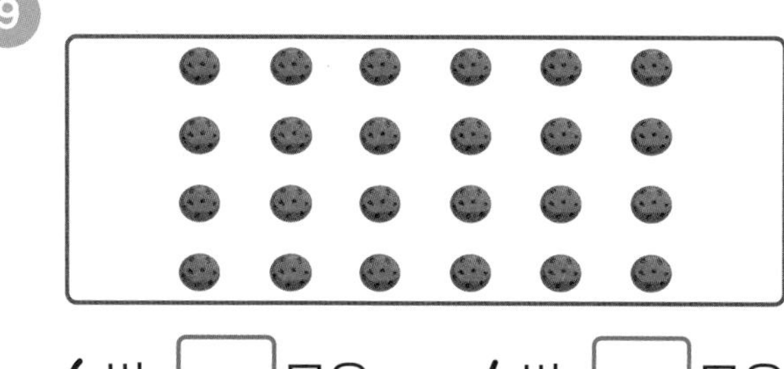

6씩 ☐ 묶음 4씩 ☐ 묶음

10

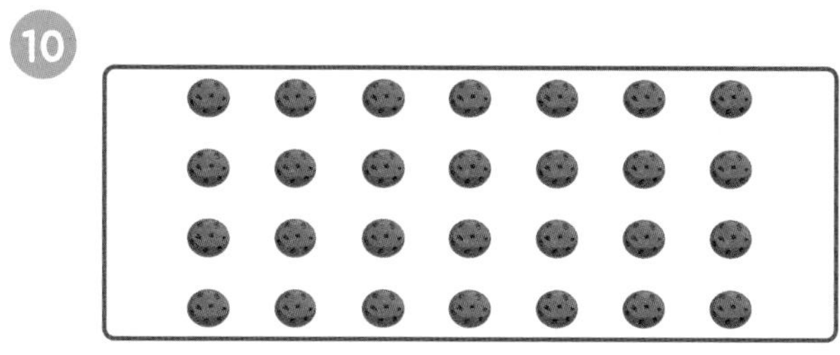

7씩 ☐ 묶음 4씩 ☐ 묶음

11

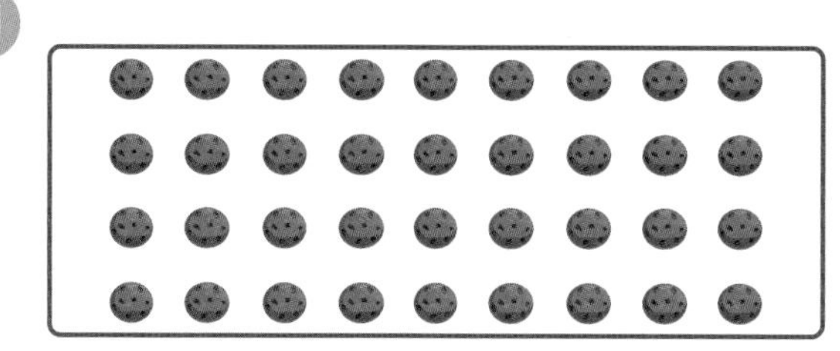

9씩 ☐ 묶음 4씩 ☐ 묶음

묶어 세기 (1)

241017-1341 ~ 241017-1345

그림을 보고 □ 안에 알맞은 수를 써넣으세요.

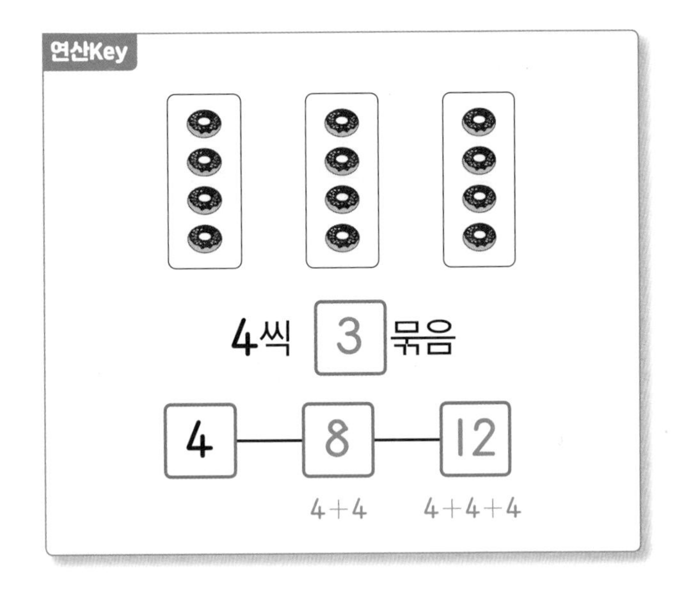

1

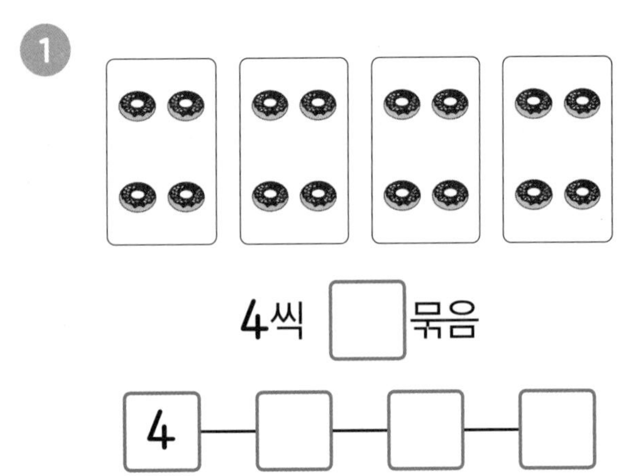

2

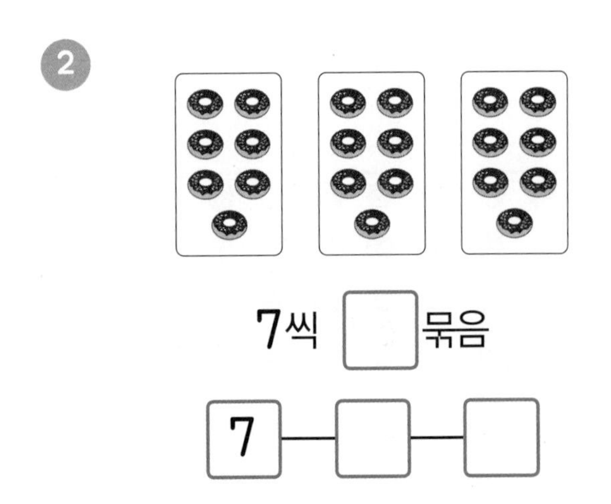

3

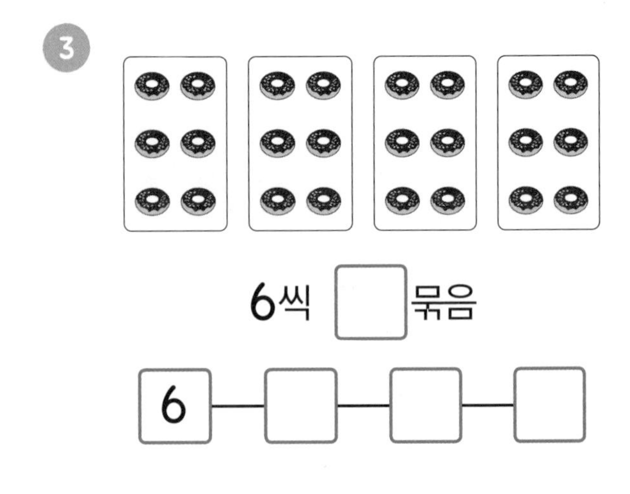

4

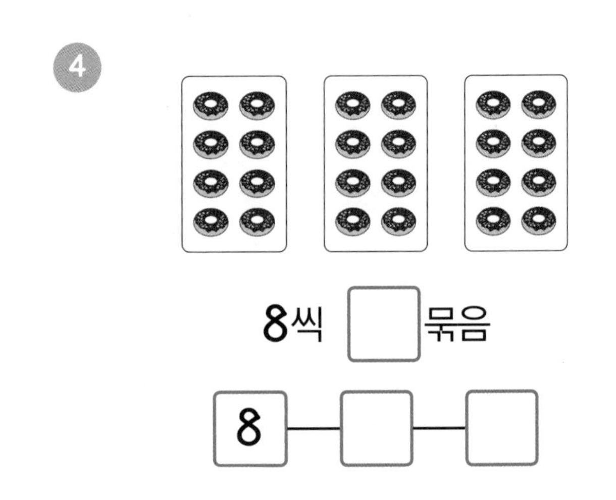

5

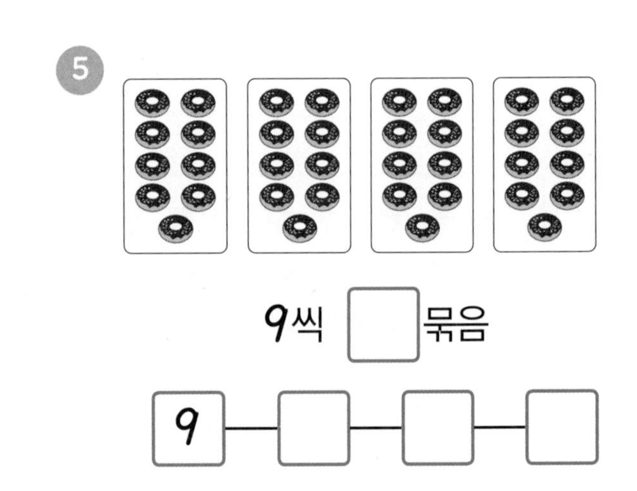

★씩 3묶음은 ★+★+★, ★씩 4묶음은
★+★+★+★과 같아요.

학습 점검	학습 날짜	걸린 시간	맞은 개수
	월 일	분 초	

241017-1346 ~ 241017-1351

6

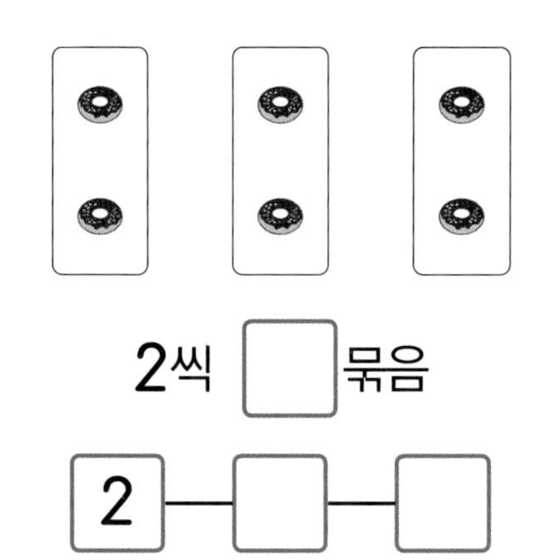

2씩 ☐ 묶음

2 — ☐ — ☐

9

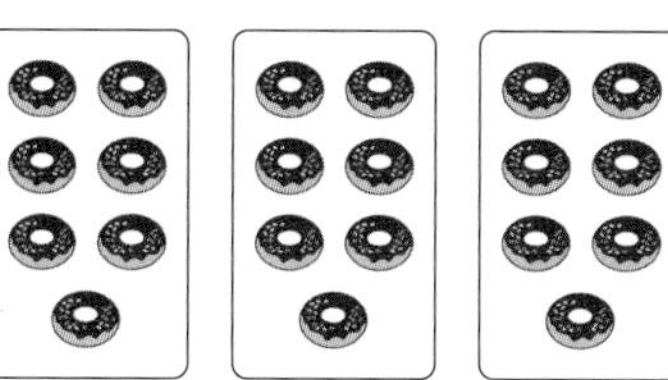

7씩 ☐ 묶음

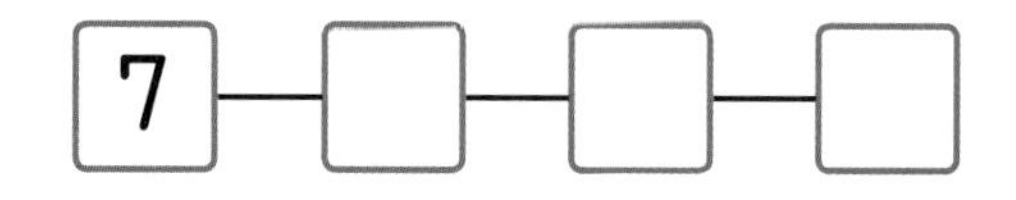

7 — ☐ — ☐ — ☐

7

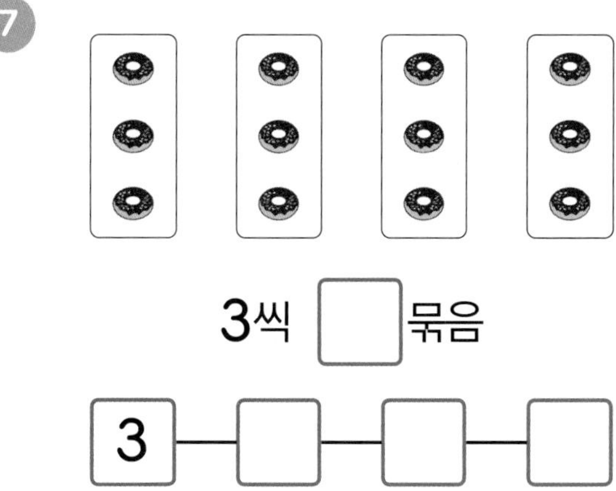

3씩 ☐ 묶음

3 — ☐ — ☐ — ☐

10

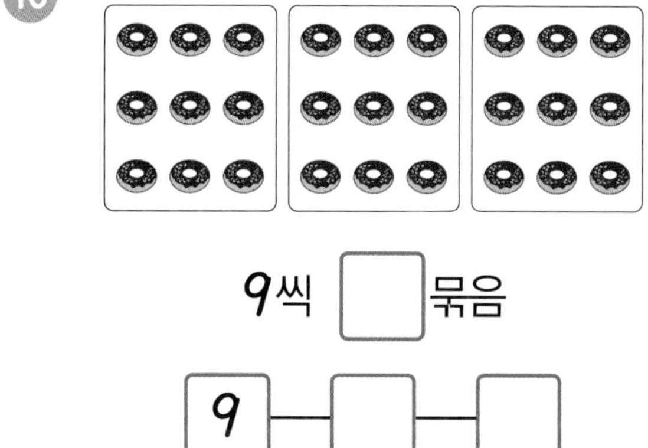

9씩 ☐ 묶음

9 — ☐ — ☐

8

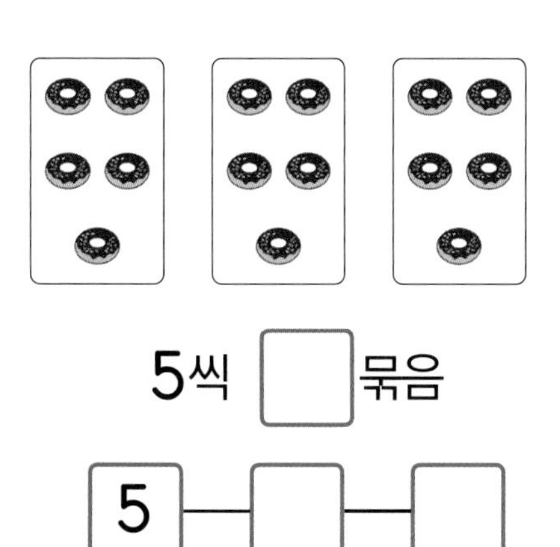

5씩 ☐ 묶음

5 — ☐ — ☐

11

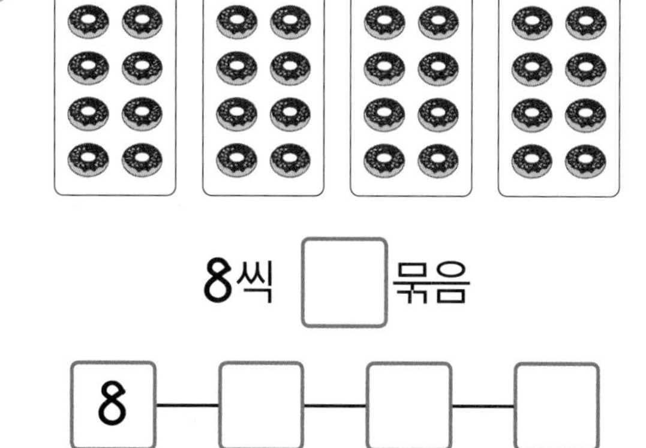

8씩 ☐ 묶음

8 — ☐ — ☐ — ☐

연산력 키우기 **4일차**

묶어 세기 (2)

241017-1352 ~ 241017-1356

✽ 그림을 보고 □ 안에 알맞은 수를 써넣으세요.

연산Key

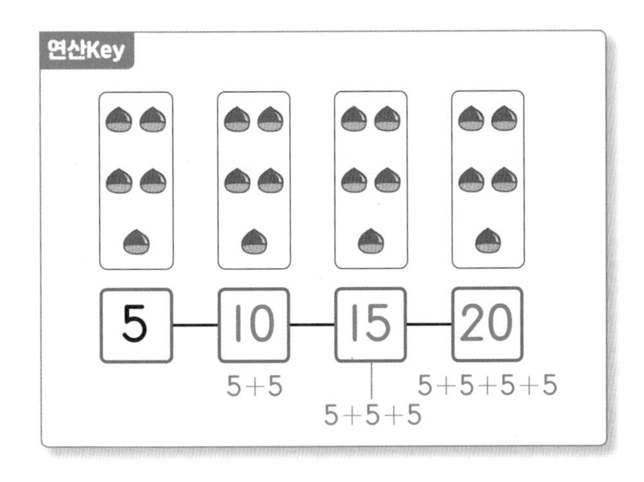

③

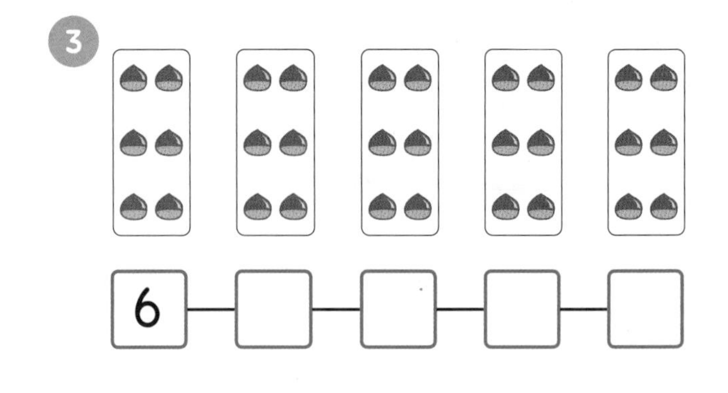

①

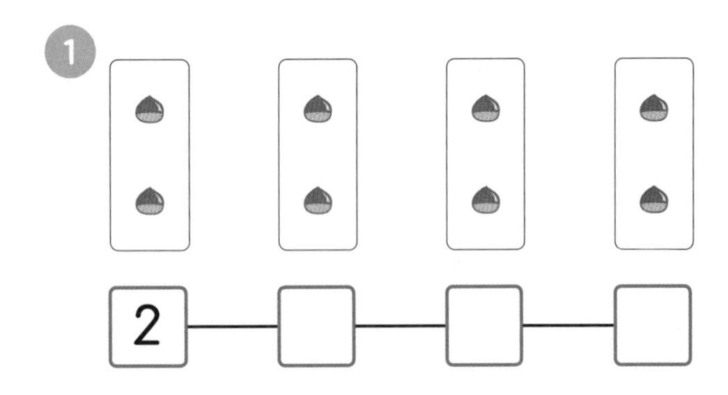

④

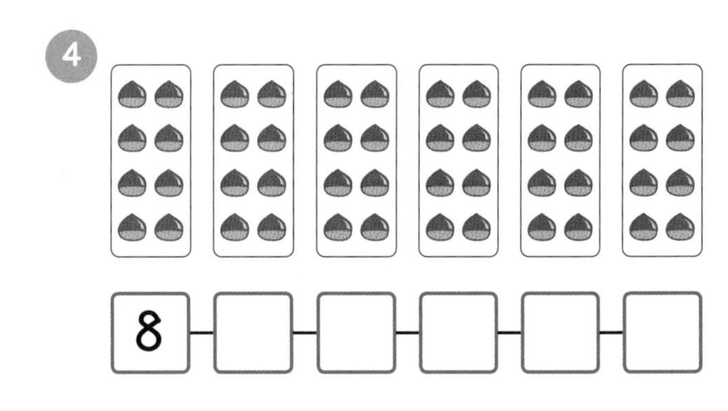

②

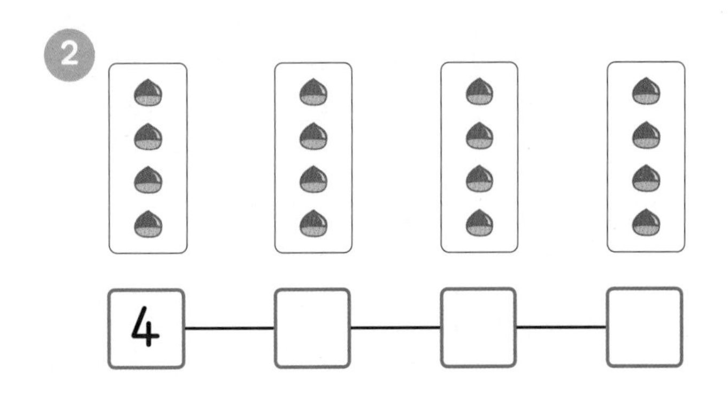

⑤

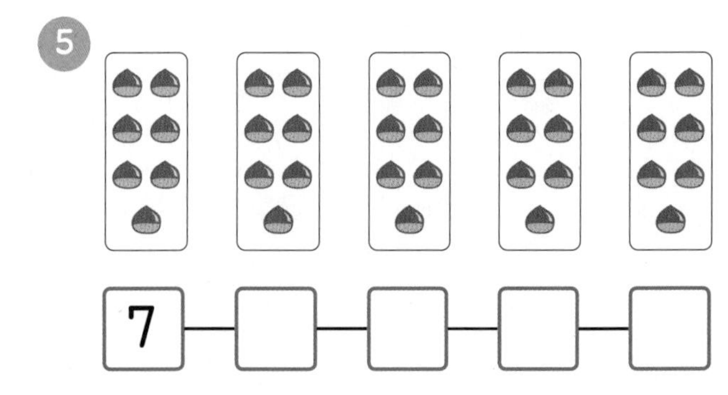

★씩 2묶음은 ★+★, ★씩 3묶음은 ★+★+★이에요.

학습 점검	학습 날짜	걸린 시간	맞은 개수
	월 일	분 초	

241017-1357 ~ 241017-1362

6

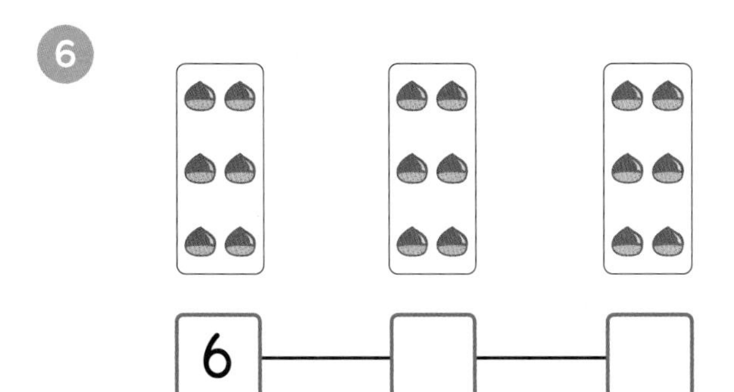

9

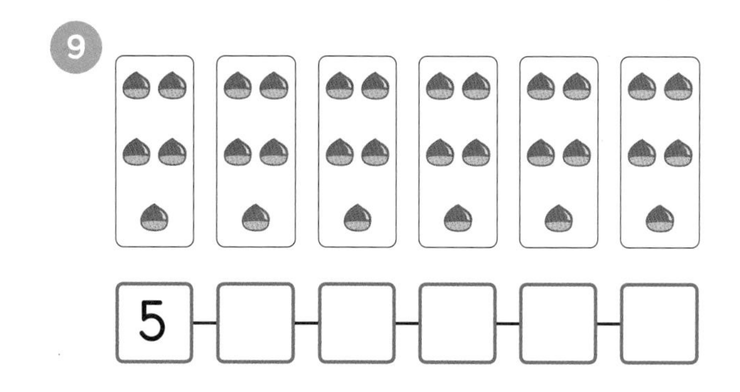

7

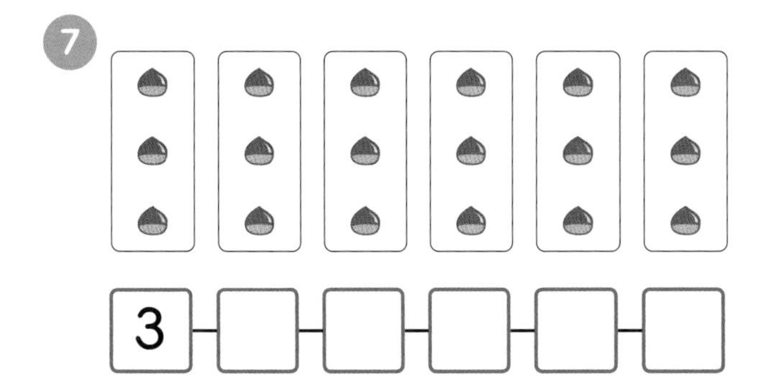

10

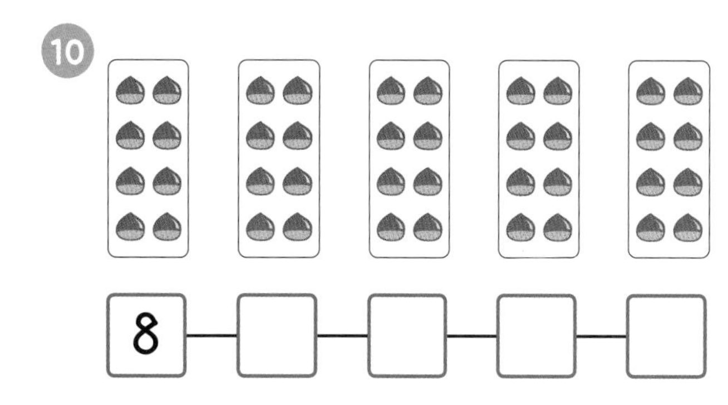

8

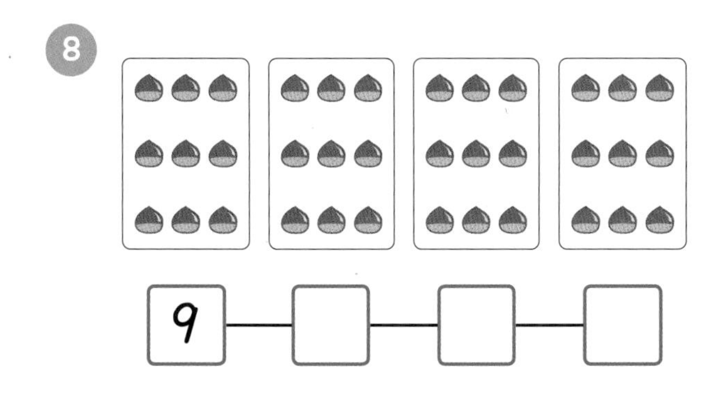

11

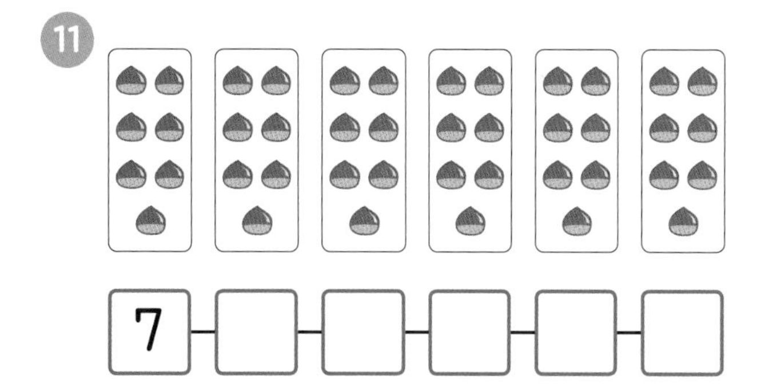

묶어 세기 (3)

241017-1363 ~ 241017-1367

✽ 그림을 보고 □ 안에 알맞은 수를 써넣으세요.

연산Key

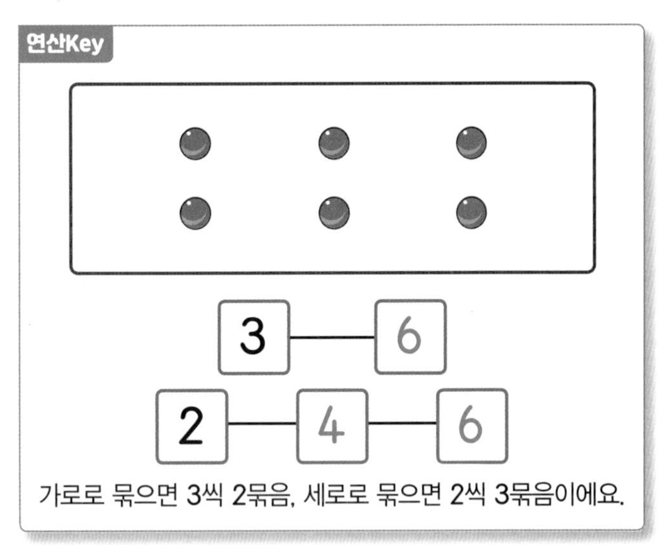

가로로 묶으면 3씩 2묶음, 세로로 묶으면 2씩 3묶음이에요.

③

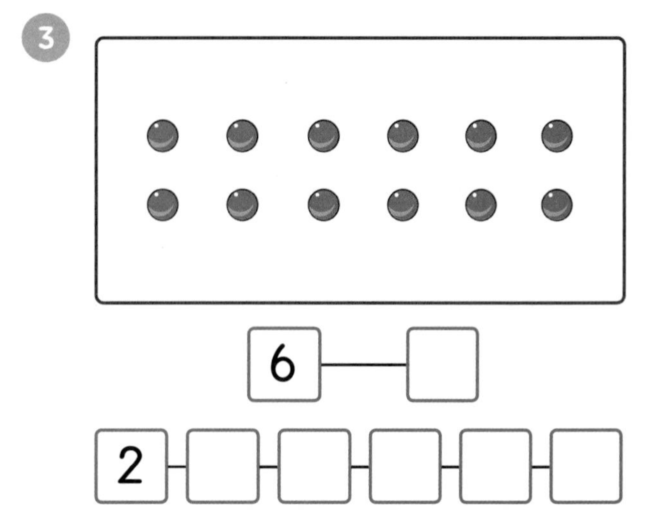

①

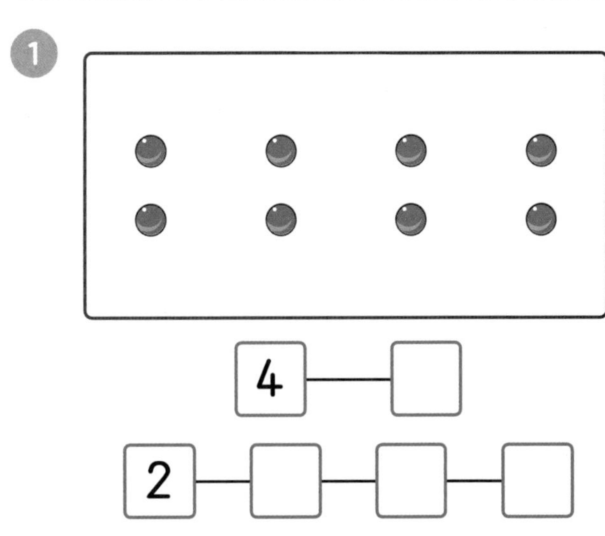

④

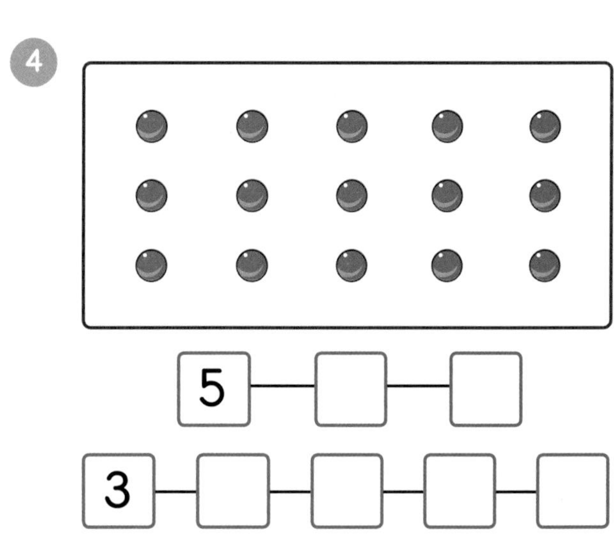

②

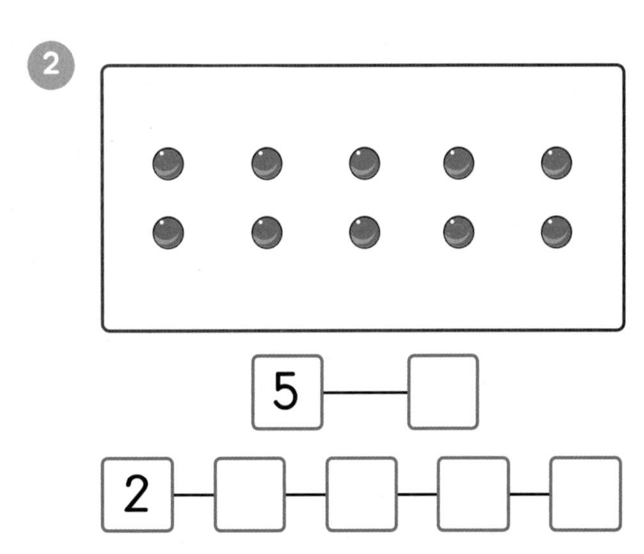

⑤

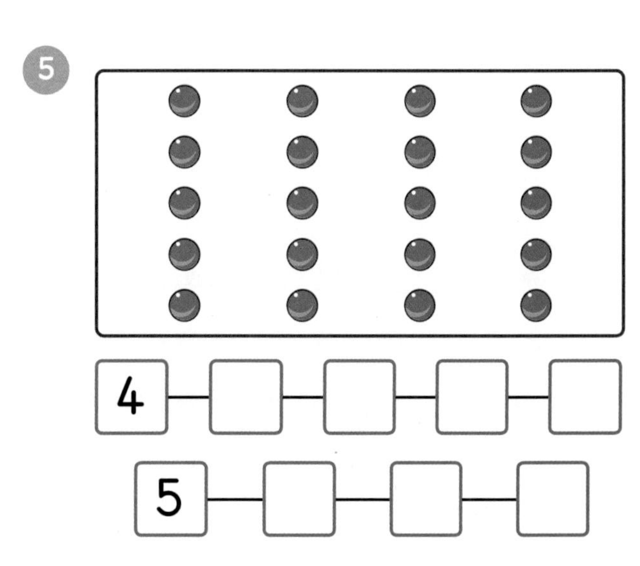

가로로 ▲씩, 세로로 ●씩 묶어 세어 보세요.

학습 점검	학습 날짜	걸린 시간	맞은 개수
	월 일	분 초	

241017-1368 ~ 241017-1373

6
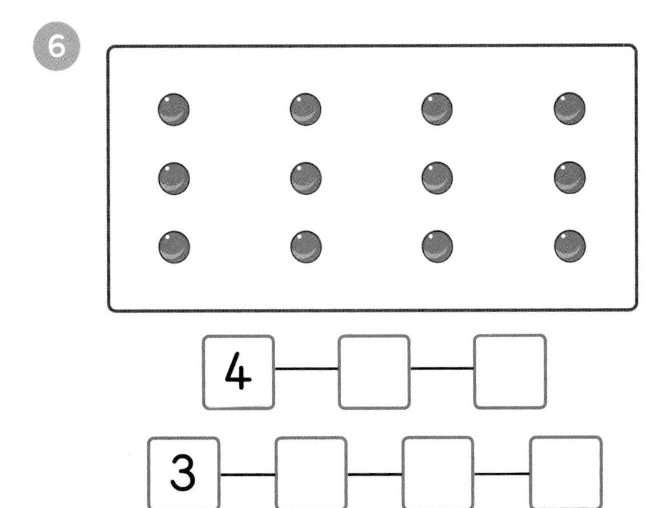

7
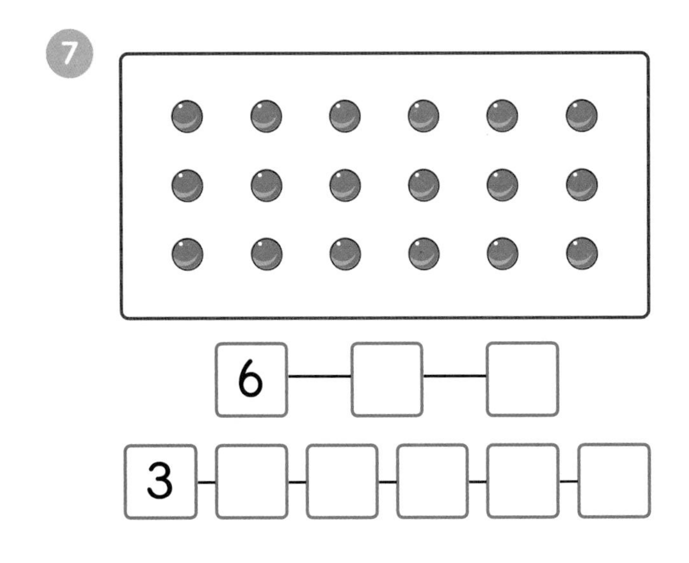

8
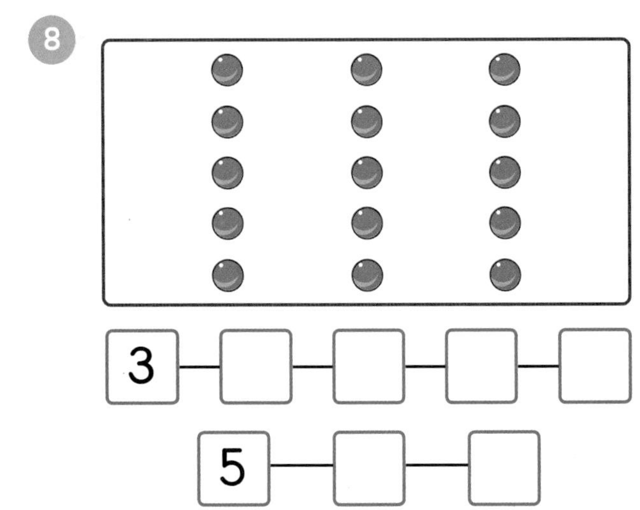

9
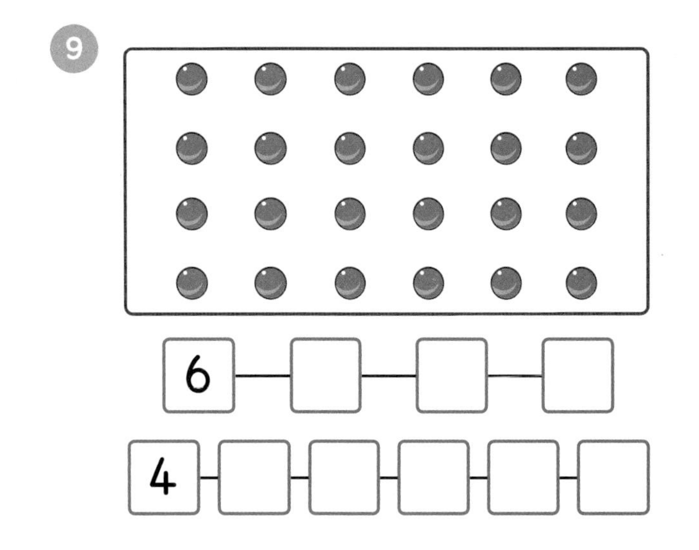

10
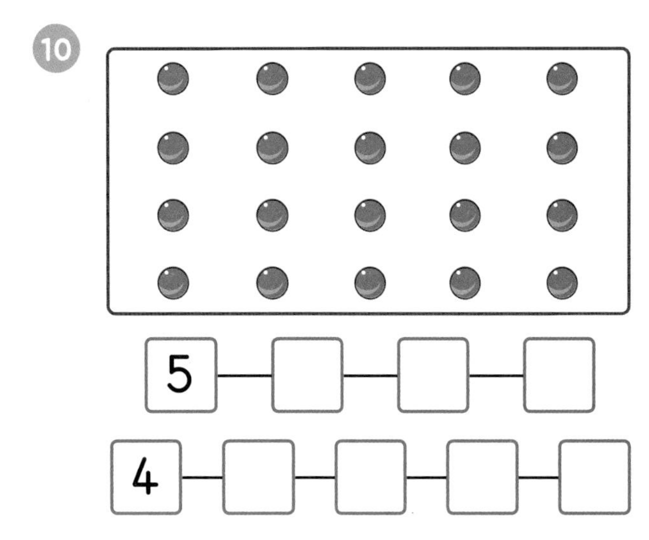

11
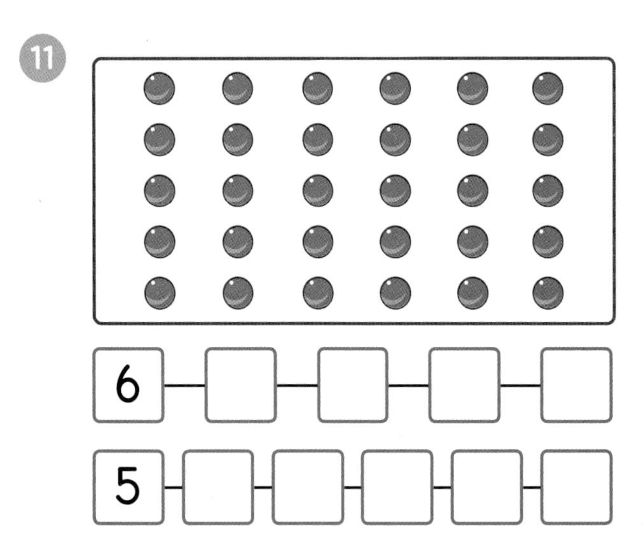

연산 11차시

곱셈식 알아보기

학습목표

❶ 몇의 몇 배를 덧셈과 곱셈으로 나타내기

❷ 덧셈식을 곱셈식으로 나타내거나 그림에 알맞은 곱셈식으로 나타내기

몇 묶음 또는 몇 배인 물건의 수를 알아보기 위해서는 간단하게 나타내는 식이 필요한데 곱셈 기호를 이용하면 편리하게 나타낼 수 있어.
자, 그럼 곱셈에 대해 알아보자.

원리 깨치기

❶ 몇의 몇 배를 덧셈과 곱셈으로 나타내 보아요

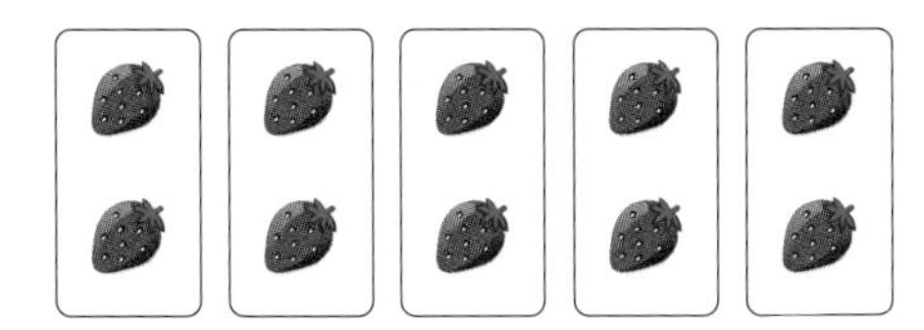

딸기는 2씩 5묶음이므로 2의 5배입니다.
2의 5배는 2×5라고 씁니다.

2의 5배 ➔ [덧셈식] $2+2+2+2+2$

[곱셈식] 2×5

읽기 2 곱하기 5

$2+2+2+2+2=2\times 5$ ← 2를 5번 더한 것과 같아요.
5번

$5+5=5\times 2$ ← 5를 2번 더한 것과 같아요.
2번

❷ 곱셈식을 알아보아요

연산Key
- 덧셈식을 곱셈식으로 나타내기

●+●+●+●=●×▲
▲번
●를 ▲번 더한다는 의미예요.

- 몇씩 몇 묶음으로 나타내기: 6씩 4묶음
- 몇의 몇 배로 나타내기: 6의 4배

[덧셈식] $6+6+6+6=24$

[곱셈식] $6\times 4=24$

읽기 6 곱하기 4는 24와 같습니다.
6과 4의 곱은 24입니다.

이해 안 되는 내용이 있으면 **한번 더** 공부하고 연산력 키우기로 넘어가세요.

연산력 키우기 **1일차**

곱셈식 알아보기 (1)

241017-1374 ~ 241017-1382

몇의 몇 배를 덧셈과 곱셈으로 나타내세요.

연산Key

7의 4배 ➔ $7+7+7+7$ ➔ $\boxed{7}\times\boxed{4}$

7의 4배는 7을 4번 더한 것과 같으므로 7×4라고 써요.

1. 8의 3배 ➔ $8+8+8$ ➔ $\square\times\square$

2. 9의 2배 ➔ $9+9$ ➔ $\square\times\square$

3. 6의 5배 ➔ $6+6+6+6+6$ ➔ $\square\times\square$

4. 5의 6배 ➔ $5+5+5+5+5+5$ ➔ $\square\times\square$

5. 4의 7배 ➔ $4+4+4+4+4+4+4$ ➔ $\square\times\square$

6. 3의 8배 ➔ $3+3+3+3+3+3+3+3$ ➔ $\square\times\square$

7. 2의 9배 ➔ $2+2+2+2+2+2+2+2+2$ ➔ $\square\times\square$

8. 4의 8배 ➔ $4+4+4+4+4+4+4+4$ ➔ $\square\times\square$

9. 2의 6배 ➔ $2+2+2+2+2+2$ ➔ $\square\times\square$

●의 ▲배는 ●를 ▲번 더한 것과 같으므로 ●×▲라고 써요.

학습 점검	학습 날짜	걸린 시간	맞은 개수
	월 일	분 초	

241017-1383 ~ 241017-1392

10 3의 2배 ➔ $3+3$ ➔ □×□

11 6의 3배 ➔ $6+6+$□ ➔ □×□

12 5의 8배 ➔ $5+5+5+5+5+5+5+$□ ➔ □×□

13 4의 4배 ➔ $4+4+4+$□ ➔ □×□

14 7의 3배 ➔ $7+7+$□ ➔ □×□

15 8의 5배 ➔ $8+8+8+8+$□ ➔ □×□

16 5의 9배 ➔ $5+5+5+5+5+5+5+5+$□ ➔ □×□

17 9의 6배 ➔ $9+9+9+9+$□+□ ➔ □×□

18 8의 7배 ➔ $8+8+8+8+8+$□+□ ➔ □×□

19 9의 4배 ➔ □+□+□+□ ➔ □×□

2일차 곱셈식 알아보기 (2)

241017-1393 ~ 241017-1401

덧셈을 곱셈으로 나타내세요.

연산Key

$3+3+3+3+3+3+3+3+3=3\times\boxed{9}$

3을 9번 더한 것을 곱셈으로 나타내면 3×9예요.

1. $2+2+2=2\times\square$

2. $3+3+3+3=3\times\square$

3. $5+5+5+5+5+5=5\times\square$

4. $6+6+6+6+6+6+6+6=6\times\square$

5. $7+7+7+7+7+7+7=7\times\square$

6. $4+4+4+4+4=4\times\square$

7. $2+2+2+2+2+2+2=2\times\square$

8. $8+8+8+8+8+8+8+8=8\times\square$

9. $9+9+9+9+9+9=9\times\square$

●를 ▲번 더한 것을 ●×▲라고 써요.

학습 점검	학습 날짜	걸린 시간	맞은 개수
	월 일	분 초	

241017-1402 ~ 241017-1411

10 $7+7=\square\times\square$

11 $6+6+6=\square\times\square$

12 $2+2+2+2+2=\square\times\square$

13 $3+3+3+3+3+3+3=\square\times\square$

14 $9+9+9+9+9=\square\times\square$

15 $8+8+8+8+8+8=\square\times\square$

16 $5+5+5+5+5+5+5+5=\square\times\square$

17 $7+7+7+7+7+7=\square\times\square$

18 $4+4+4+4+4+4+4=\square\times\square$

19 $8+8+8+8+8+8+8+8+8=\square\times\square$

3일차 곱셈식 알아보기 (3)

241017-1412 ~ 241017-1418

덧셈식을 곱셈식으로 나타내세요.

연산Key

$4+4=\boxed{8}$

➔ $4\times\boxed{2}=\boxed{8}$

4를 2번 더한 것은 8이므로
4×2=8이에요.

① $6+6=\square$

➔ $6\times\square=\square$

② $3+3+3+3=\square$

➔ $3\times\square=\square$

③ $5+5+5+5+5+5=\square$

➔ $5\times\square=\square$

④ $2+2+2+2+2=\square$

➔ $2\times\square=\square$

⑤ $7+7+7+7=\square$

➔ $7\times\square=\square$

⑥ $8+8+8+8+8=\square$

➔ $8\times\square=\square$

⑦ $9+9+9=\square$

➔ $9\times\square=\square$

●를 ▲번 더한 식을 곱셈식으로 나타내면 ●×▲예요.

학습 점검	학습 날짜	걸린 시간	맞은 개수
	월 일	분 초	

241017-1419 ~ 241017-1426

8 $3+3=\square$

→ $3\times\square=\square$

9 $4+4+4=\square$

→ $4\times\square=\square$

10 $6+6+6+6=\square$

→ $6\times\square=\square$

11 $7+7+7+7+7=\square$

→ $7\times\square=\square$

12 $7+7=\square$

→ $\square\times\square=\square$

13 $5+5+5+5+5=\square$

→ $\square\times\square=\square$

14 $9+9+9+9=\square$

→ $\square\times\square=\square$

15 $8+8+8+8=\square$

→ $\square\times\square=\square$

연산력 키우기

4일차 곱셈식 알아보기 (4)

241017-1427 ~ 241017-1429

✽ 그림을 보고 빈칸에 알맞은 곱셈식을 써넣으세요.

연산Key

2씩 1묶음	2씩 2묶음	2씩 3묶음	2씩 4묶음	2씩 5묶음
2×1	2×2	2×3	2×4	2×5

1

3×1	3×2			

2

4×1	4×2			

3

6×1	6×2			

한 묶음에 몇 개씩 몇 묶음인지 알아보세요.

학습 점검	학습 날짜	걸린 시간	맞은 개수
	월 일	분 초	

241017-1430 ~ 241017-1433

4

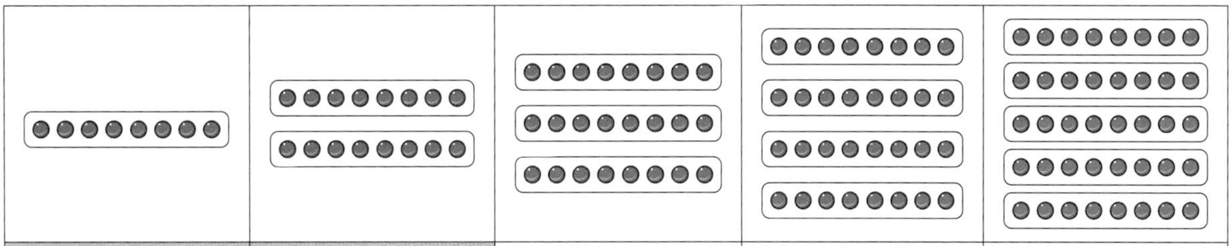

8×1	8×2			

5

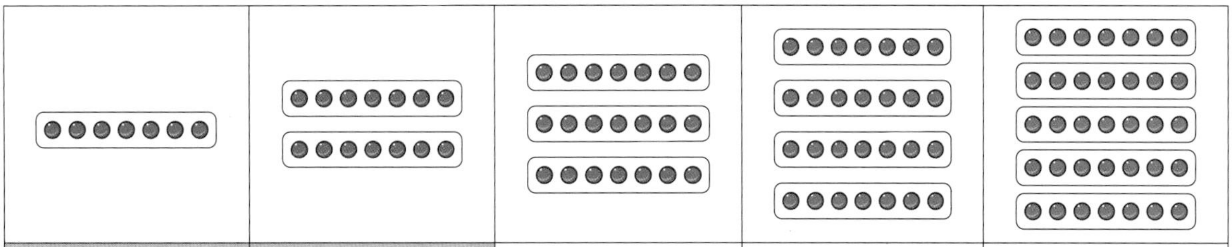

7×1	7×2			

6

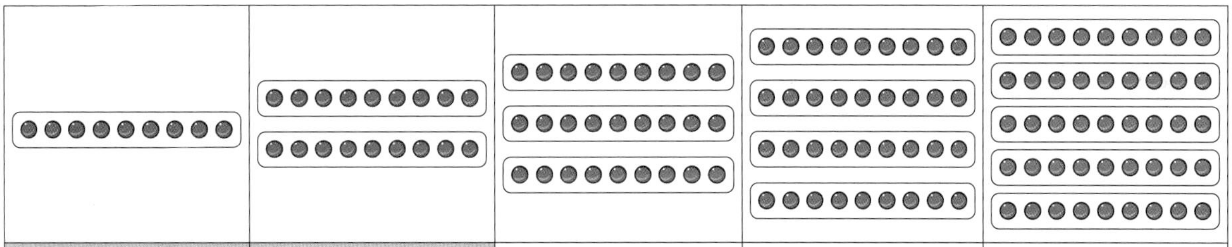

9×1	9×2			

7

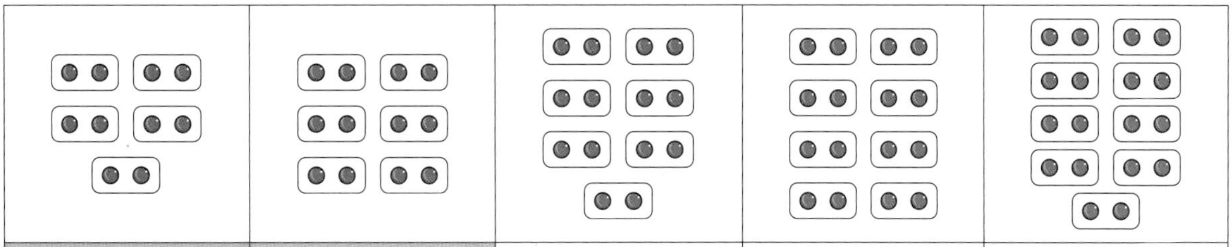

2×5	2×6			

곱셈식 알아보기 (5)

241017-1434 ~ 241017-1440

✽ 그림에 알맞은 곱셈식으로 나타내세요.

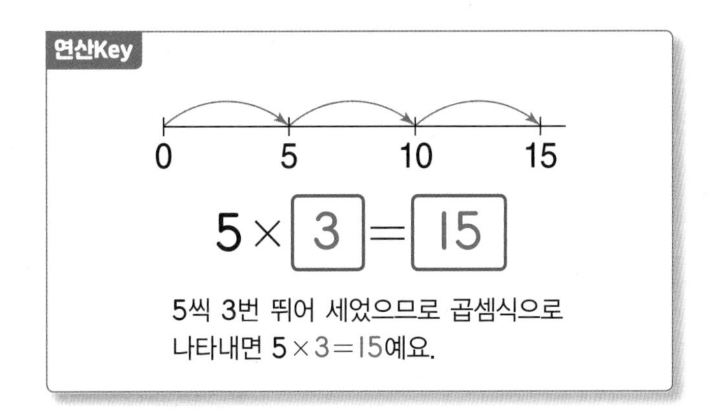

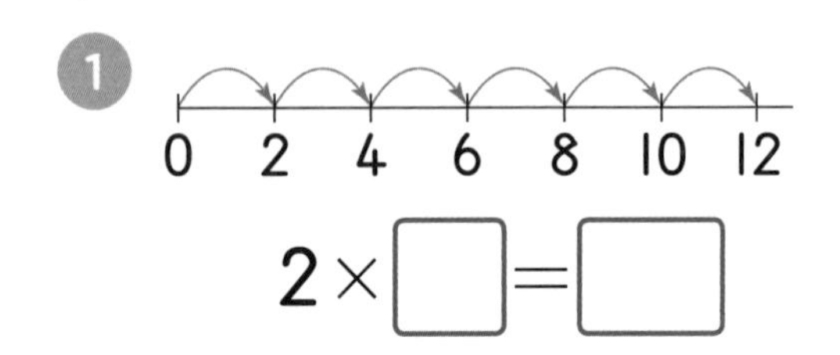

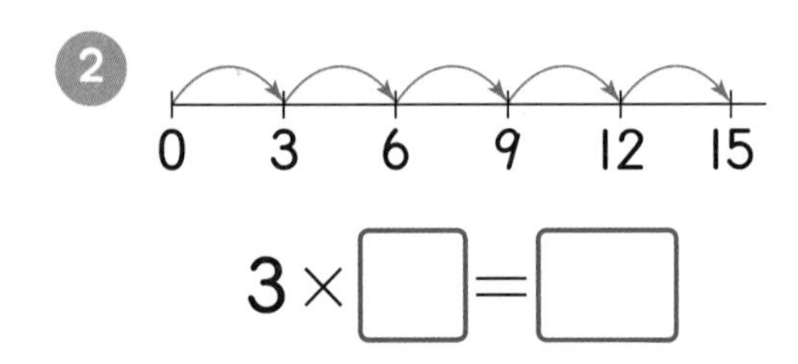

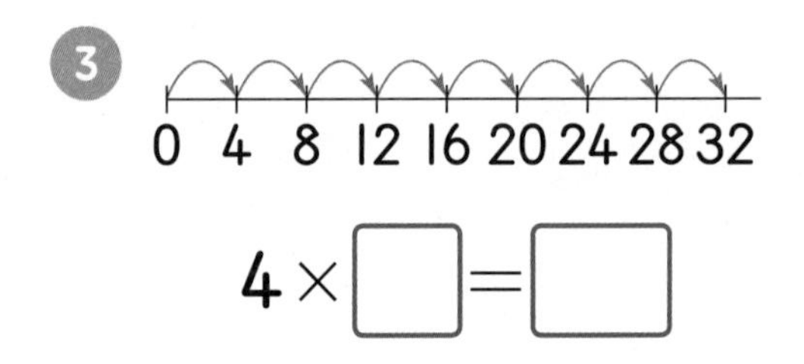

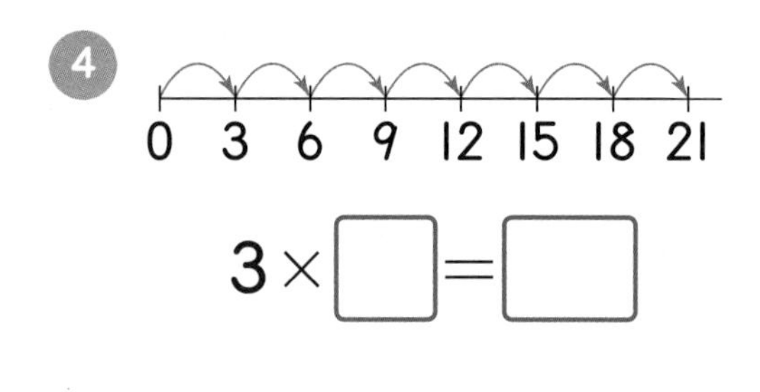

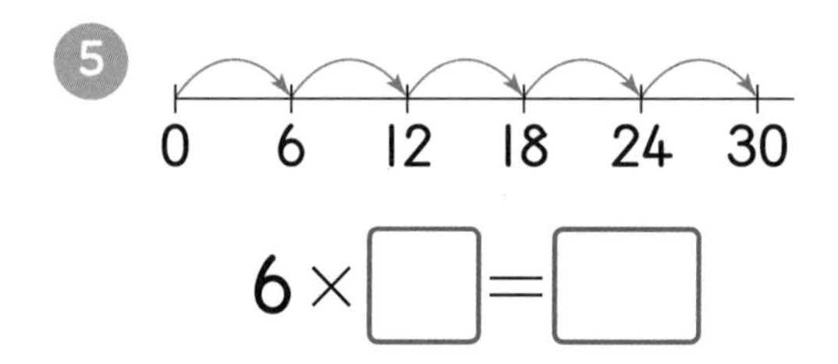

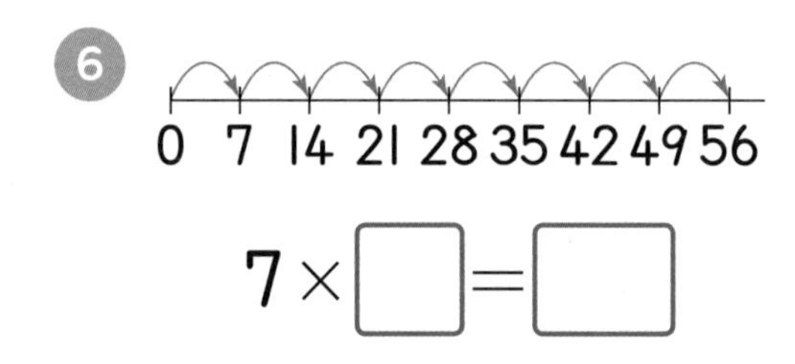

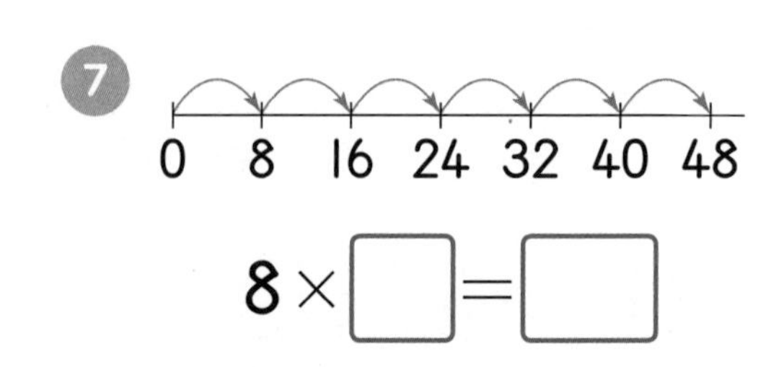

몇씩 몇 번 뛰어 세었는지 곱셈식으로 나타내어 보세요.

학습 점검	학습 날짜	걸린 시간	맞은 개수
	월 일	분 초	

241017-1441 ~ 241017-1448

8
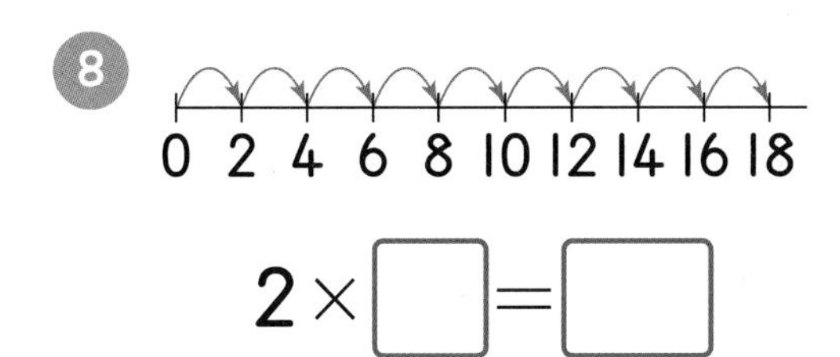

$2 \times \square = \square$

9
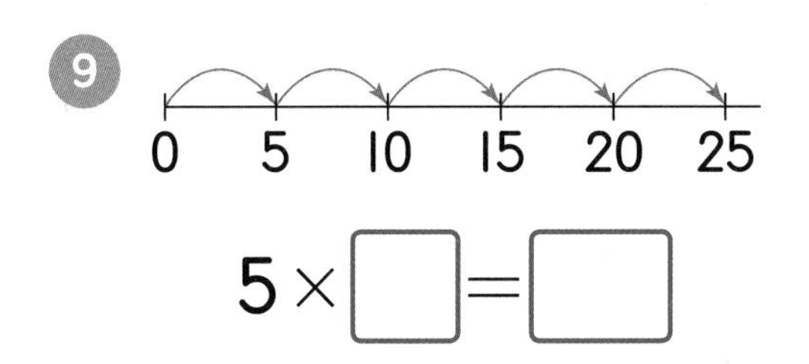

$5 \times \square = \square$

10
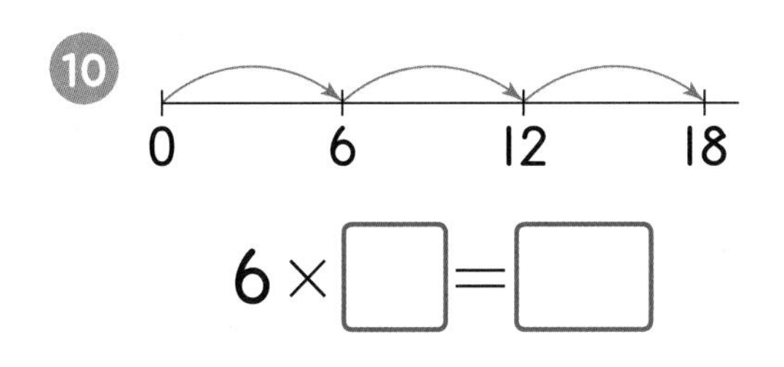

$6 \times \square = \square$

11

0 7 14 21 28 35

$7 \times \square = \square$

12
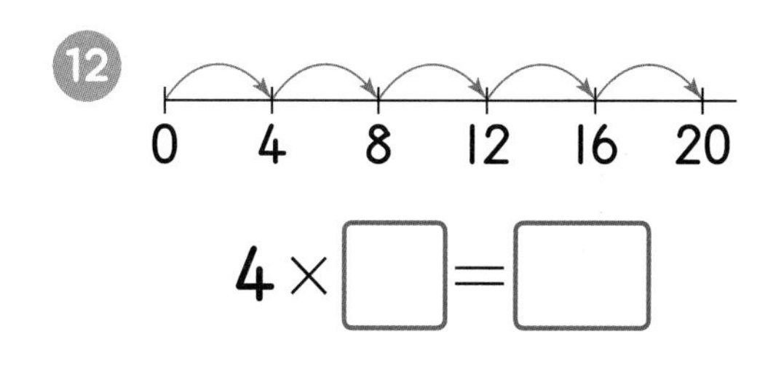

$4 \times \square = \square$

13
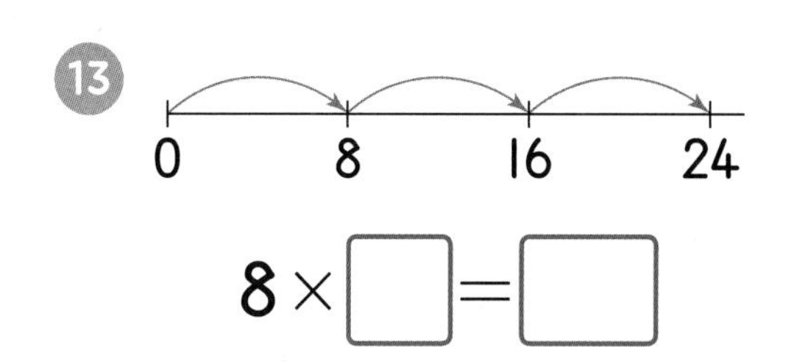

$8 \times \square = \square$

14
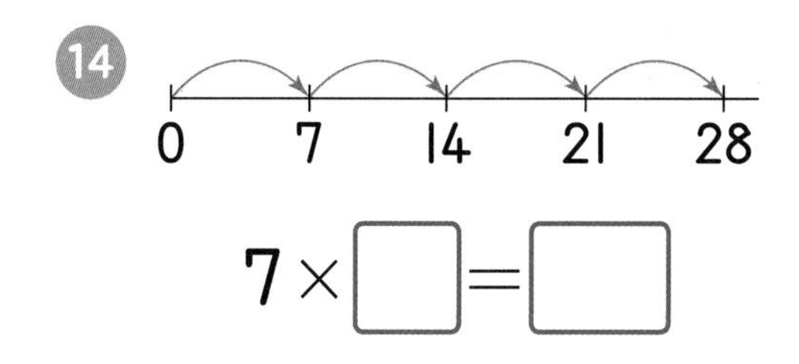

$7 \times \square = \square$

15
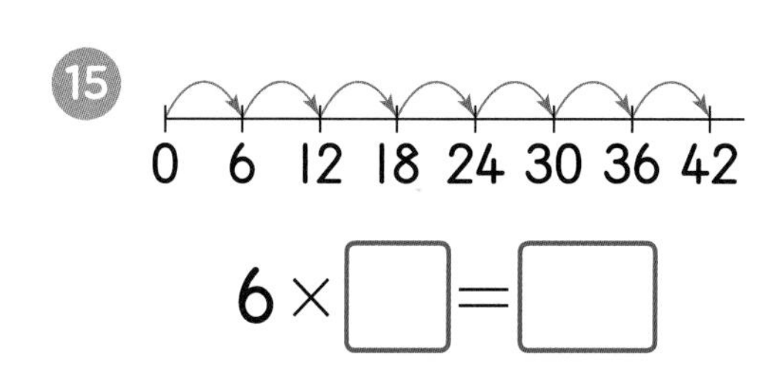

$6 \times \square = \square$

연산 12차시

곱셈식으로 나타내기

학습목표

1. 그림을 보고 몇씩 몇 묶음과 곱셈식으로 나타내기
2. 그림을 보고 여러 가지 곱셈식으로 나타내기

**그림을 보고 몇씩 몇 묶음인지 알아내고 곱셈식으로 나타내는 연습을 할 거야.
몇씩 묶는 방법에 따라 다양한 곱셈식으로 나타내어 보면서 곱셈의 기초 실력을 쌓아 보자.**

원리 깨치기

❶ 몇씩 몇 묶음을 곱셈식으로 나타내 보아요

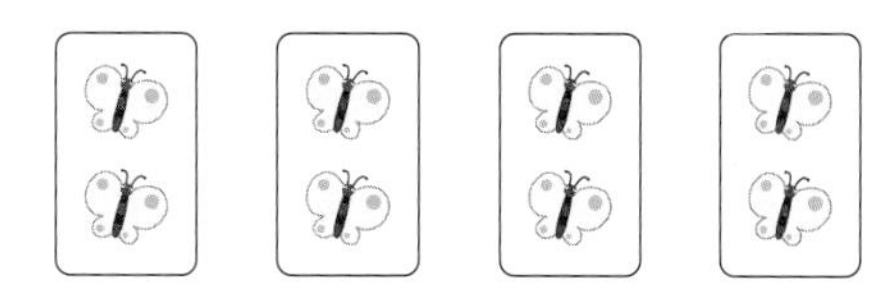

나비의 수는 2마리씩 4묶음이므로 곱셈식으로 나타내면 $2 \times 4 = 8$입니다.

2씩 4묶음 ➜ $2 \times 4 = 8$

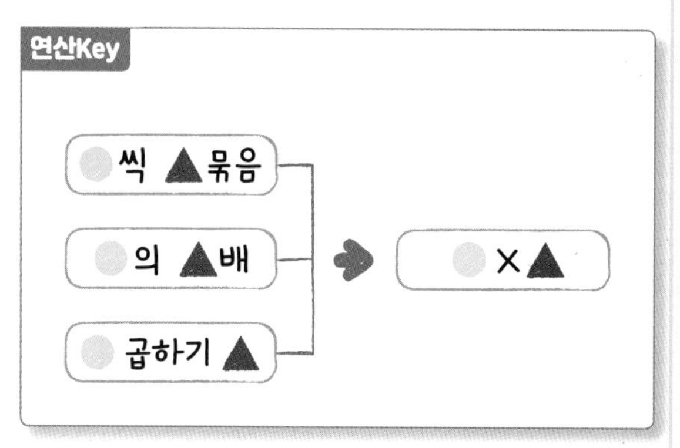

❷ 묶는 방법에 따라 여러 가지 곱셈식으로 나타내 보아요

① 가로로 9개씩 묶기

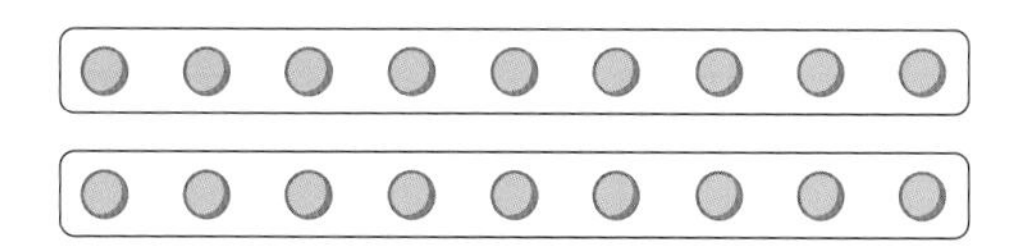

9씩 2묶음 ➜ $9 \times 2 = 18$

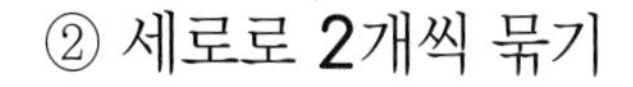

② 세로로 2개씩 묶기

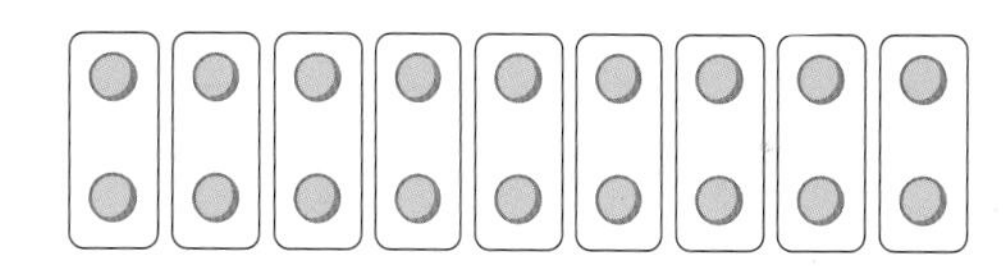

2씩 9묶음 ➜ $2 \times 9 = 18$

③ 가로로 3개씩 묶기

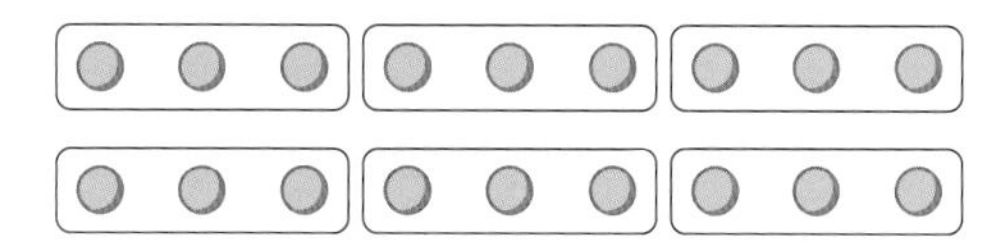

3씩 6묶음 ➜ $3 \times 6 = 18$

④ 세로로 6개씩 묶기

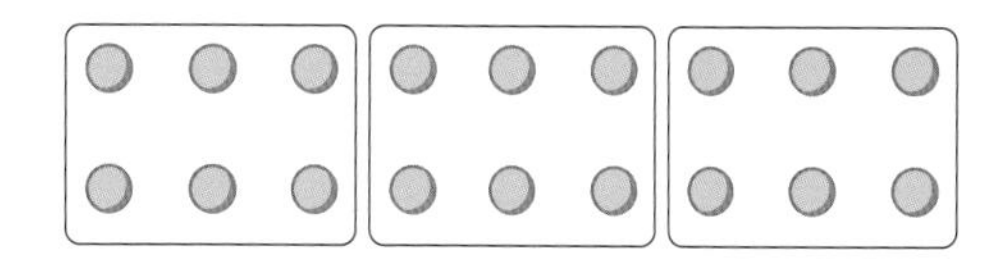

6씩 3묶음 ➜ $6 \times 3 = 18$

➡ 묶는 방법에 따라 여러 가지 곱셈식으로 나타낼 수 있습니다.

이해 안 되는 내용이 있으면 **한번 더** 공부하고 연산력 키우기로 넘어가세요.

곱셈식으로 나타내기 (1)

241017-1449 ~ 241017-1453

그림을 보고 □ 안에 알맞은 수를 써넣으세요.

연산Key

2씩 [3] 묶음 → 2 × [3] = [6]

1

3씩 □ 묶음 → 3 × □ = □

2

5씩 □ 묶음 → 5 × □ = □

3

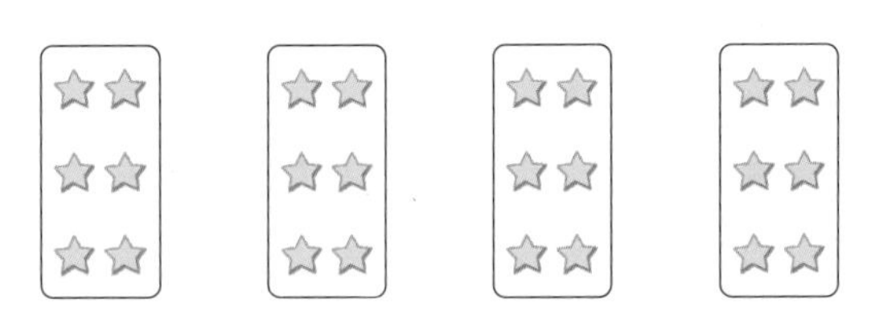

6씩 □ 묶음 → 6 × □ = □

4

8씩 □ 묶음 → 8 × □ = □

5

9씩 □ 묶음 → 9 × □ = □

●개씩 ▲묶음은 ●×▲로 나타낼 수 있어요.

학습 점검	학습 날짜	걸린 시간	맞은 개수
	월 일	분 초	

241017-1454 ~ 241017-1459

6
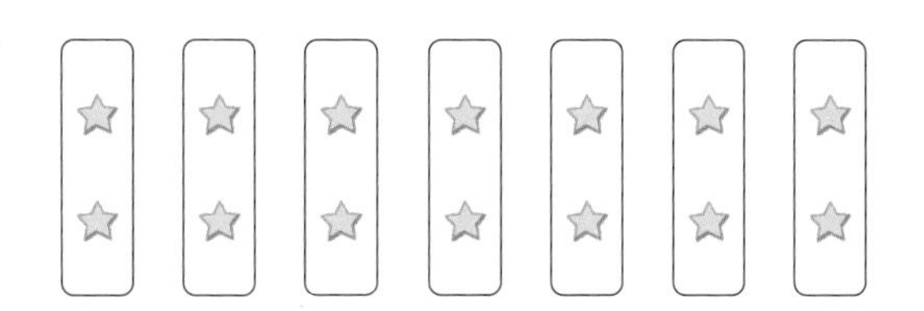
2씩 □ 묶음 ➔ 2 × □ = □

9

8씩 □ 묶음 ➔ 8 × □ = □

7

7씩 □ 묶음 ➔ 7 × □ = □

10
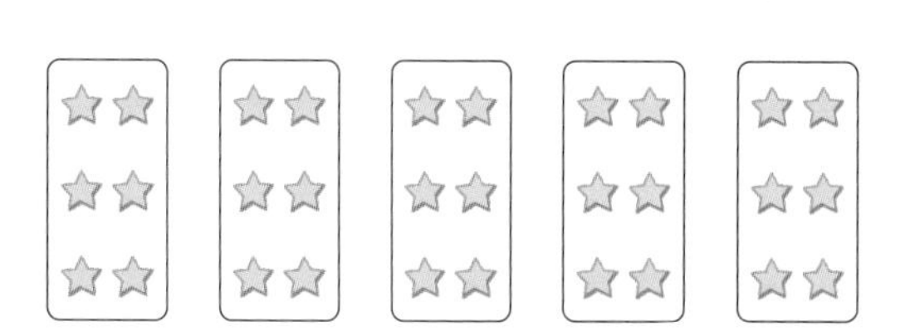
6씩 □ 묶음 ➔ 6 × □ = □

8

9씩 □ 묶음 ➔ 9 × □ = □

11
4씩 □ 묶음 ➔ 4 × □ = □

연산력 키우기

2일차 곱셈식으로 나타내기 (2)

241017-1460 ~ 241017-1464

그림을 보고 곱셈식으로 나타내세요.

연산Key

$3 \times \boxed{3} = \boxed{9}$

3씩 3묶음을 곱셈식으로 나타내면 $3 \times 3 = 9$예요.

1

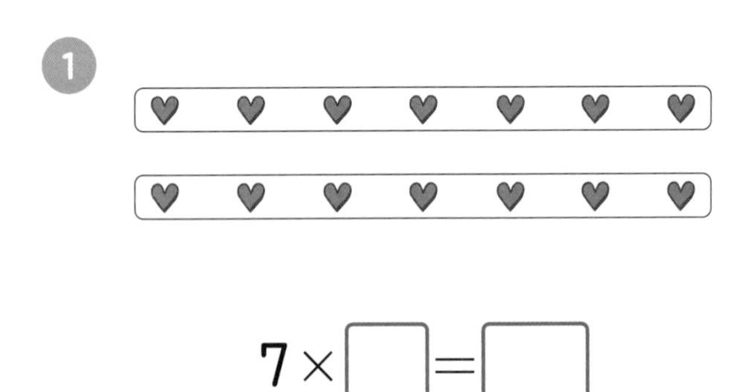

$7 \times \square = \square$

2

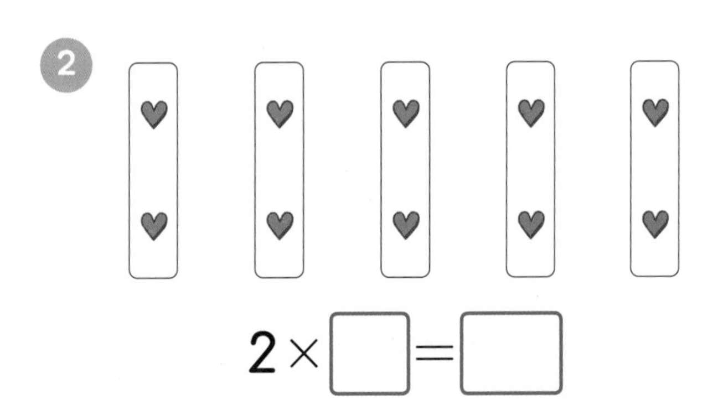

$2 \times \square = \square$

3

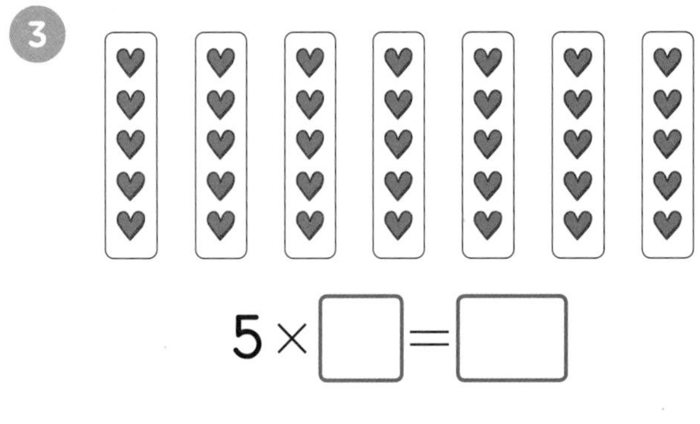

$5 \times \square = \square$

4

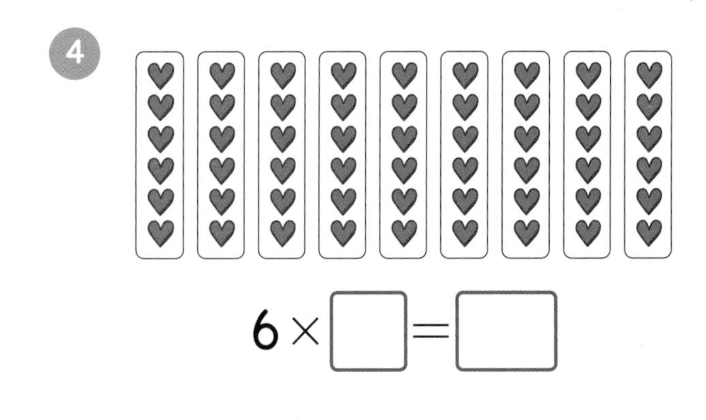

$6 \times \square = \square$

5

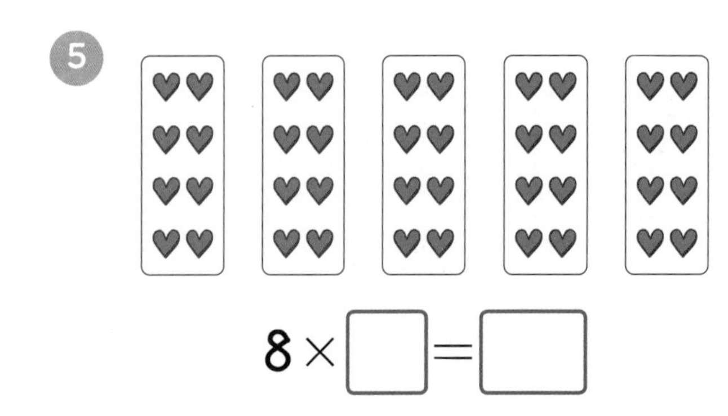

$8 \times \square = \square$

●씩 ▲묶음은 ●×▲로 나타낼 수 있어요.

학습 점검	학습 날짜	걸린 시간	맞은 개수
	월 일	분 초	

241017-1465 ~ 241017-1470

6
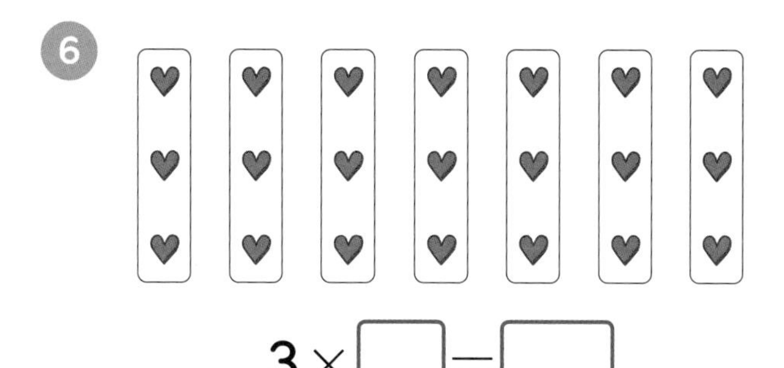

$3 \times \square = \square$

9
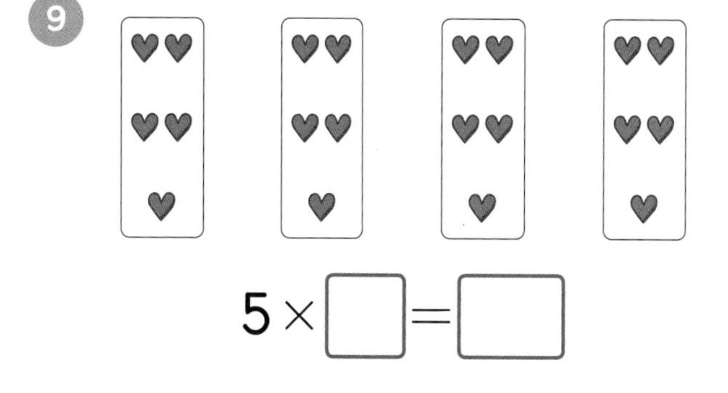

$5 \times \square = \square$

7
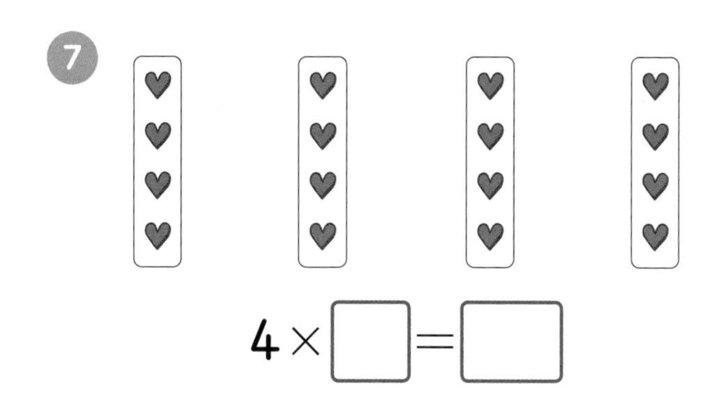

$4 \times \square = \square$

10
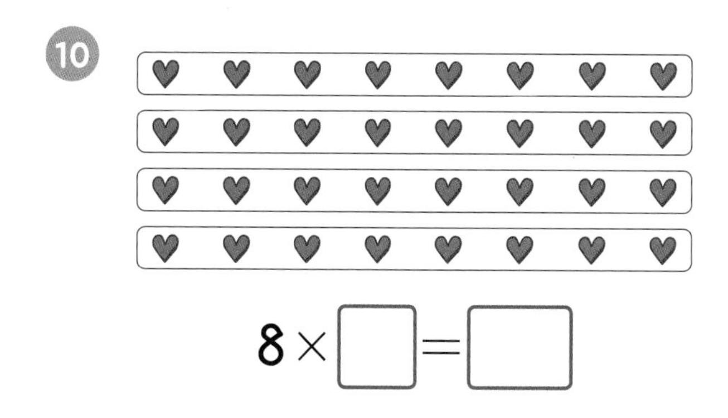

$8 \times \square = \square$

8
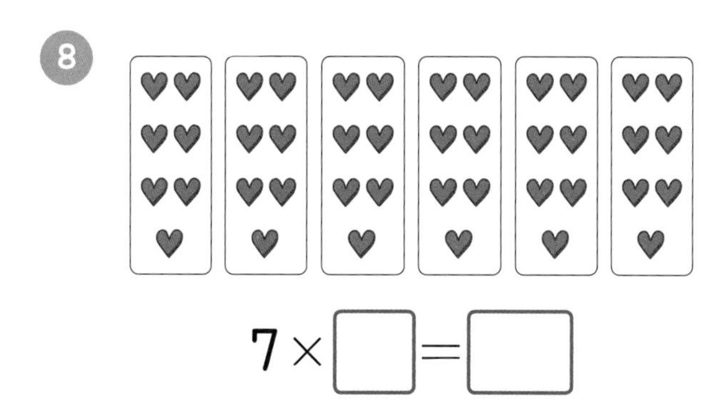

$7 \times \square = \square$

11
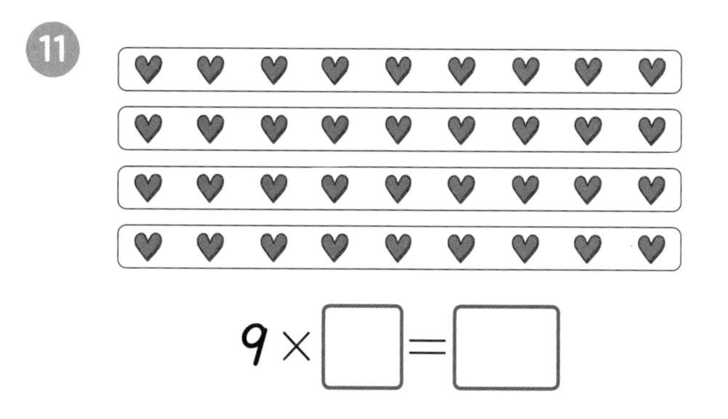

$9 \times \square = \square$

연산력 키우기 3일차

곱셈식으로 나타내기 (3)

241017-1471 ~ 241017-1475

그림을 보고 곱셈식으로 나타내세요.

연산Key

$5 \times \boxed{2} = \boxed{10}$

1

$2 \times \square = \square$

2

$8 \times \square = \square$

3

$9 \times \square = \square$

4

$7 \times \square = \square$

5

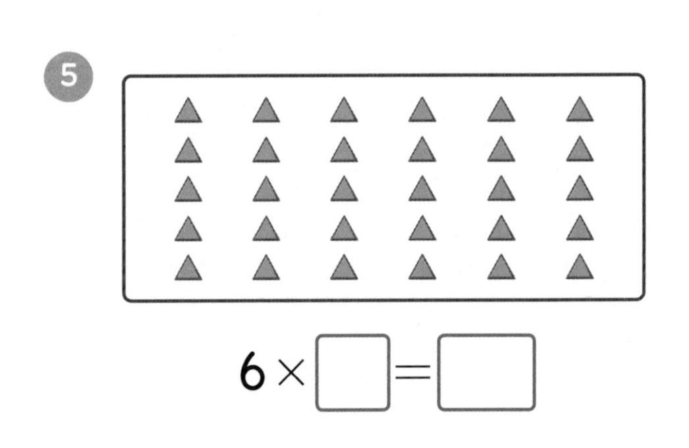

$6 \times \square = \square$

●씩 ▲줄인지 세어 보고 ●×▲로 나타내어 보세요.

학습 점검	학습 날짜	걸린 시간	맞은 개수
	월 일	분 초	

241017-1476 ~ 241017-1481

6

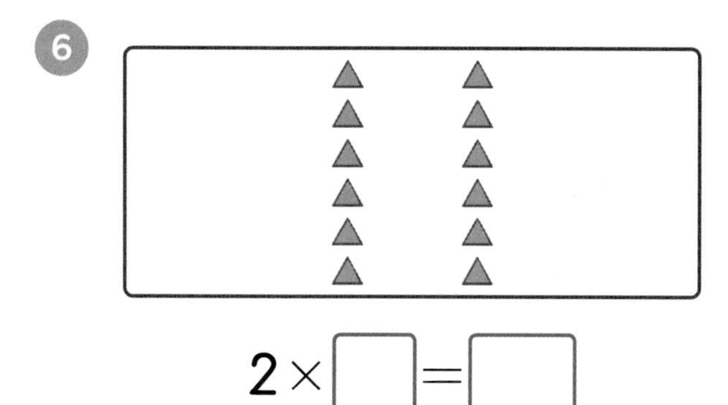

$2 \times \square = \square$

7

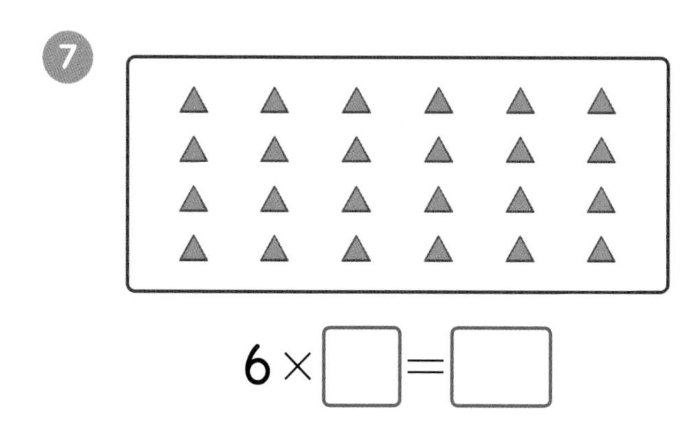

$6 \times \square = \square$

8

$7 \times \square = \square$

9

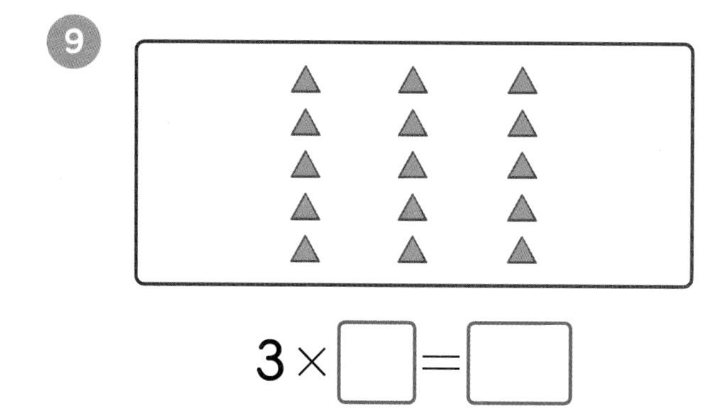

$3 \times \square = \square$

10

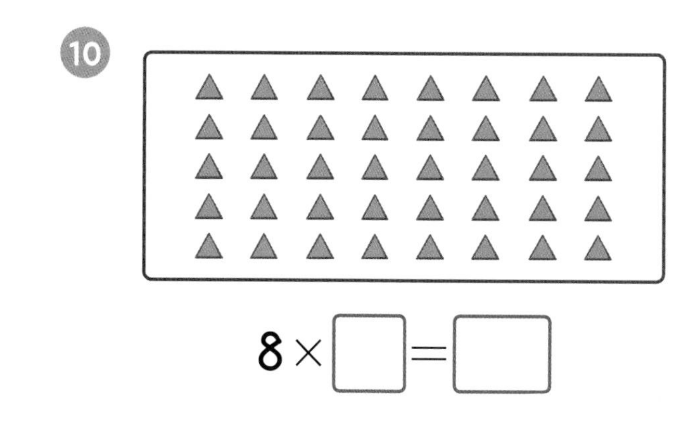

$8 \times \square = \square$

11

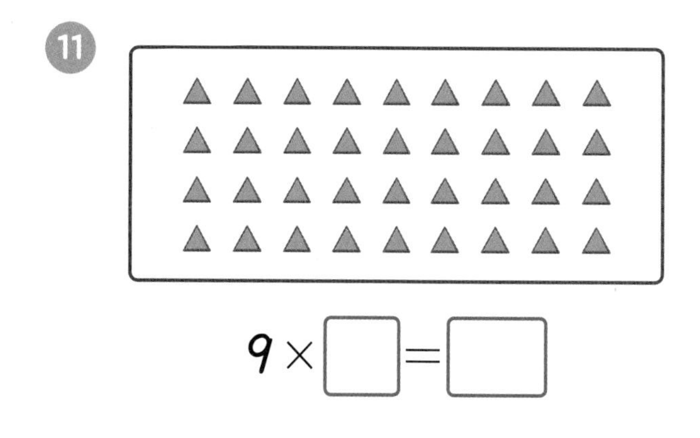

$9 \times \square = \square$

4일차 곱셈식으로 나타내기 (4)

241017-1482 ~ 241017-1486

그림을 보고 곱셈식으로 나타내세요.

연산Key

$4 \times \boxed{3} = \boxed{12}$

$3 \times \boxed{4} = \boxed{12}$

1

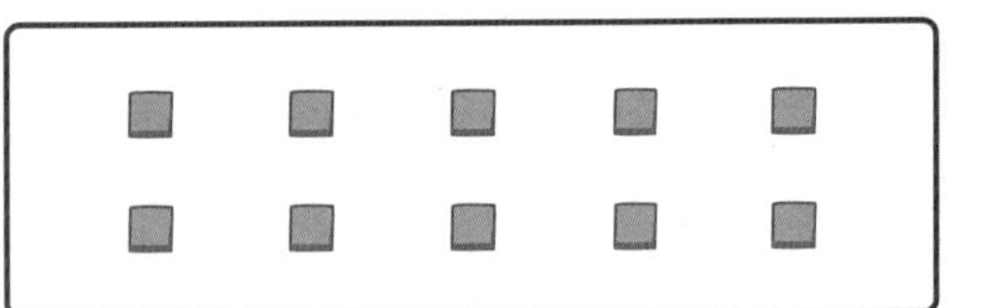

$5 \times \square = \square$

$2 \times \square = \square$

2

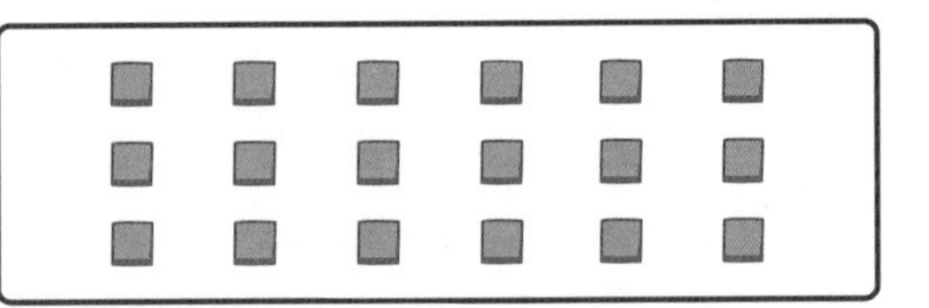

$6 \times \square = \square$

$3 \times \square = \square$

3

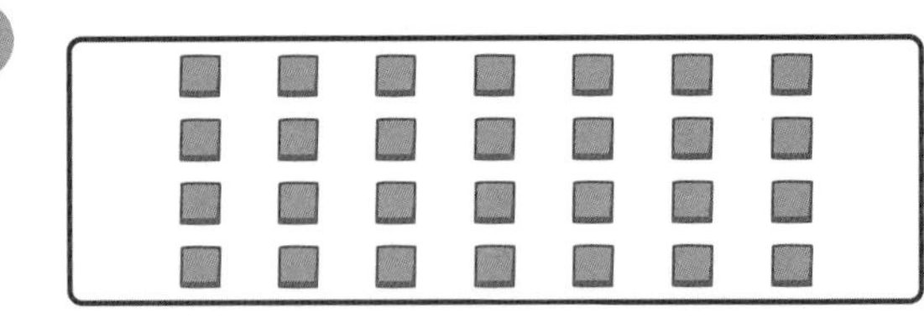

$7 \times \square = \square$

$4 \times \square = \square$

4

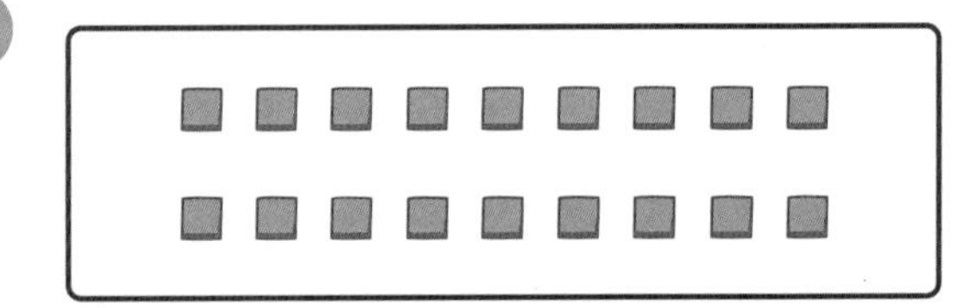

$9 \times \square = \square$

$2 \times \square = \square$

5

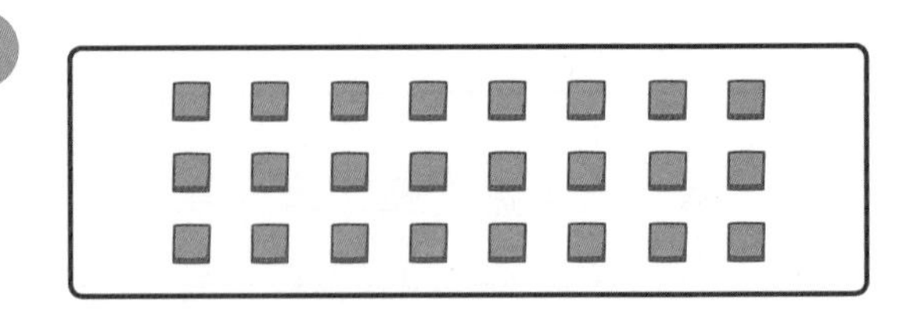

$8 \times \square = \square$

$3 \times \square = \square$

●×▲와 ▲×●은 같아요.

학습 점검	학습 날짜	걸린 시간	맞은 개수
	월 일	분 초	

241017-1487 ~ 241017-1492

6

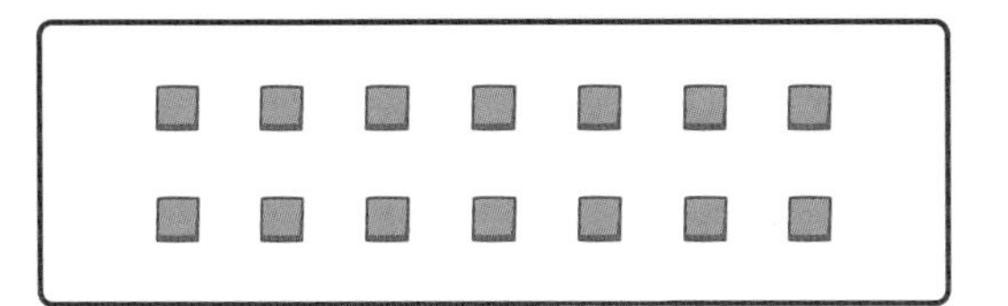

$7 \times \square = \square$

$2 \times \square = \square$

7

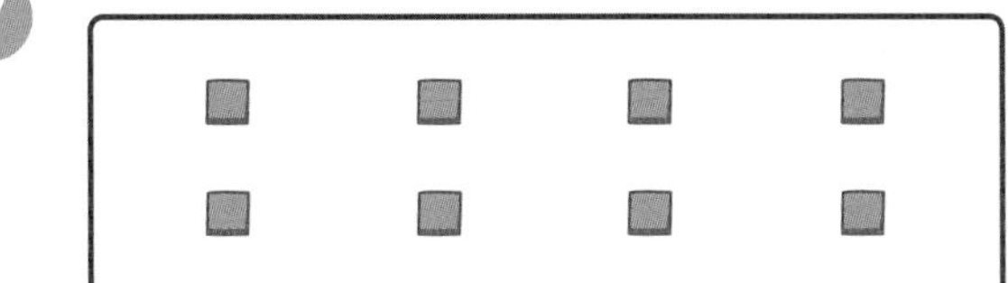

$4 \times \square = \square$

$2 \times \square = \square$

8

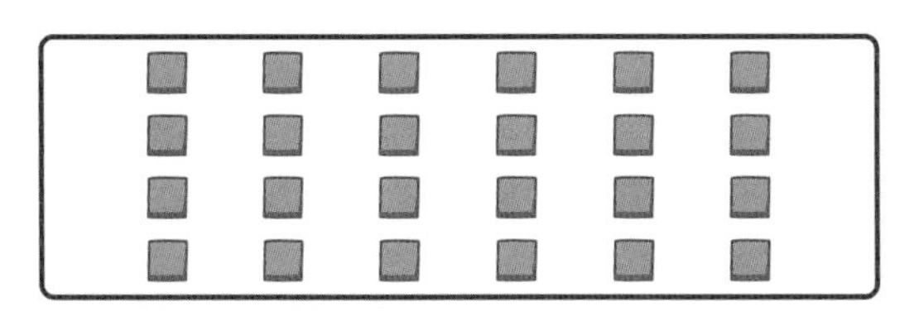

$6 \times \square = \square$

$4 \times \square = \square$

9

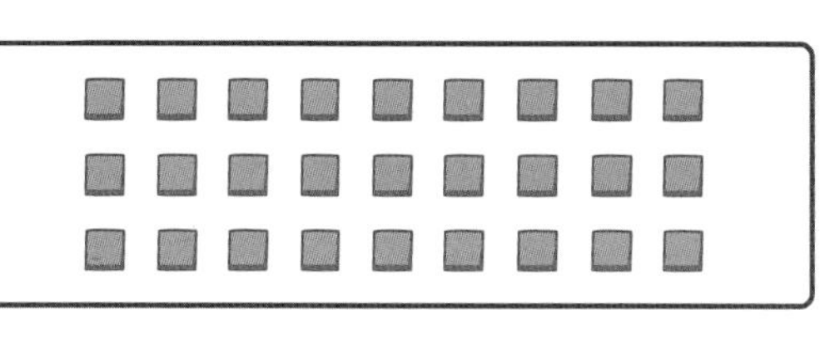

$9 \times \square = \square$

$3 \times \square = \square$

10

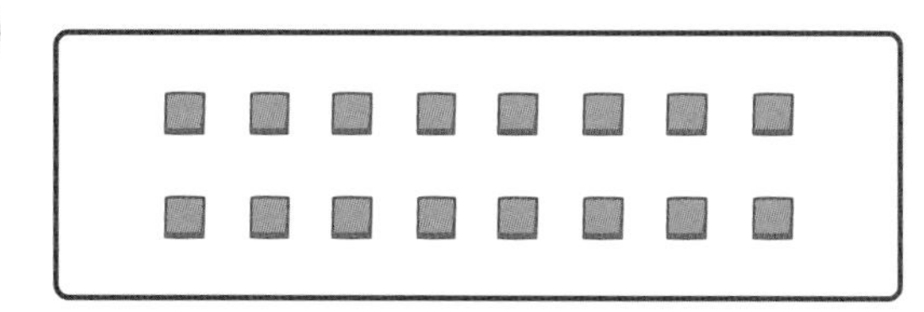

$8 \times \square = \square$

$2 \times \square = \square$

11

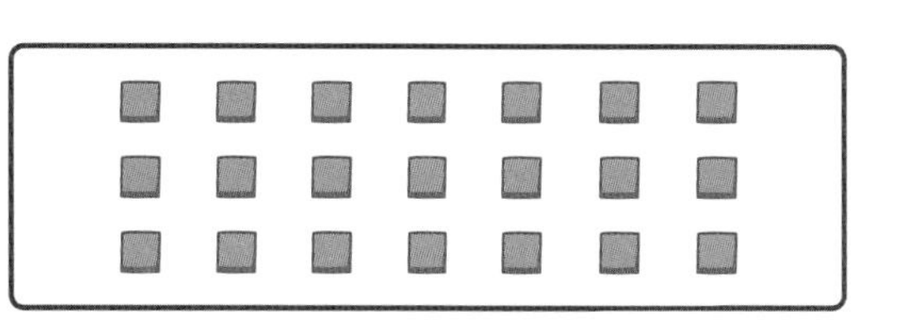

$7 \times \square = \square$

$3 \times \square = \square$

곱셈식으로 나타내기 (5)

241017-1493 ~ 241017-1497

✽ 그림을 보고 곱셈식으로 나타내세요.

연산Key

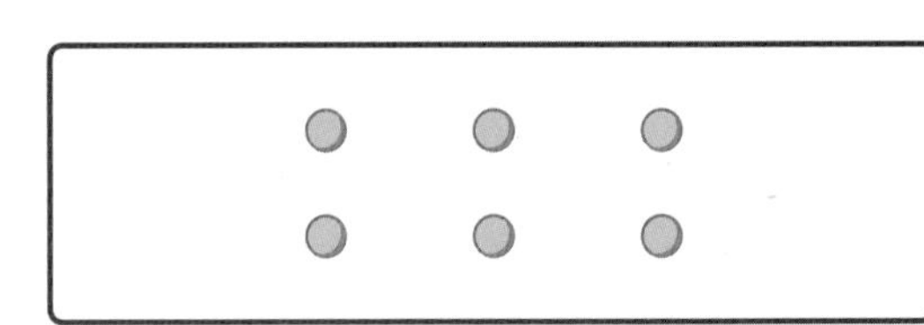

$2 \times \boxed{3} = \boxed{6}$

$3 \times \boxed{2} = \boxed{6}$

1

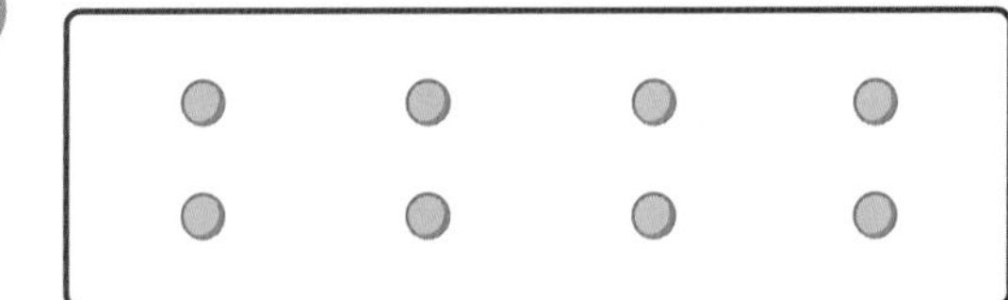

$2 \times \square = \square$

$4 \times \square = \square$

2

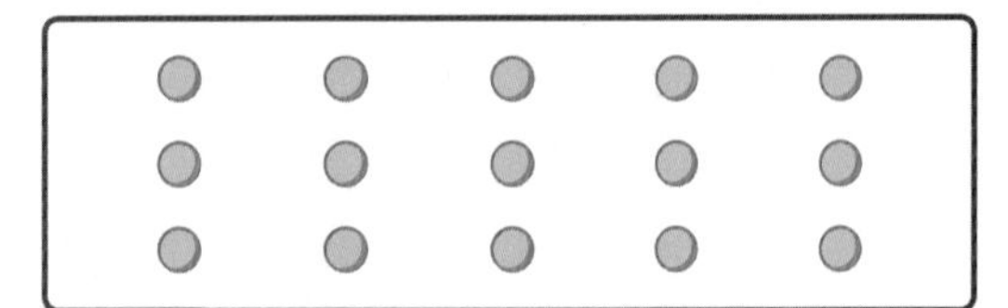

$3 \times \square = \square$

$5 \times \square = \square$

3

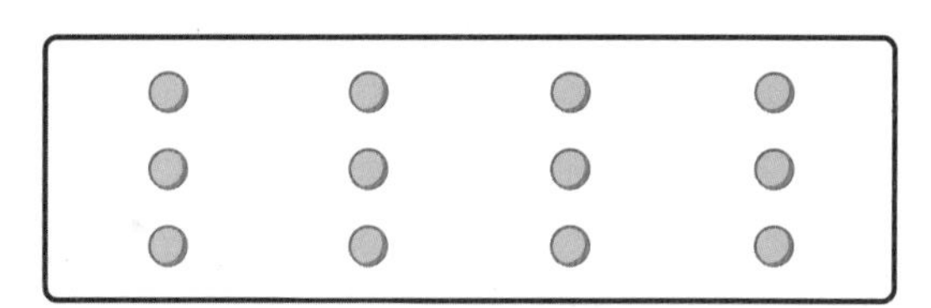

$3 \times \square = \square$

$4 \times \square = \square$

4

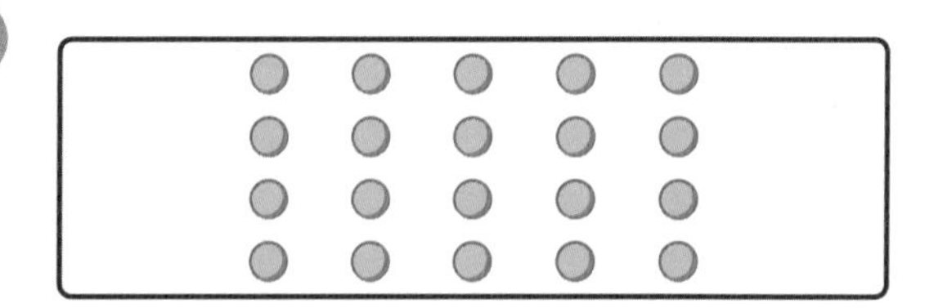

$4 \times \square = \square$

$5 \times \square = \square$

5

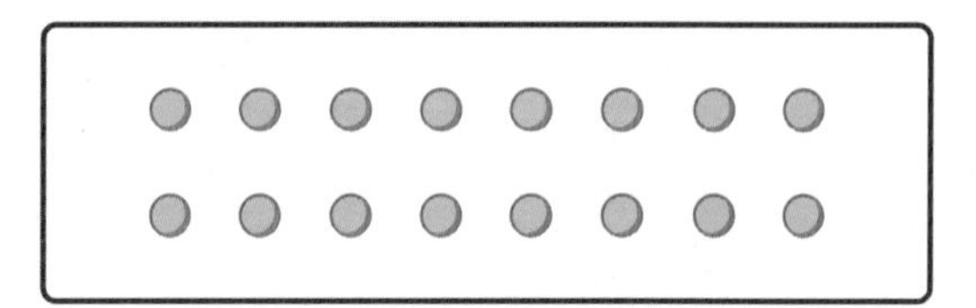

$2 \times \square = \square$

$8 \times \square = \square$

묶는 개수에 따라 여러 가지 곱셈식으로 나타낼 수 있어요.

학습 점검	학습 날짜	걸린 시간	맞은 개수
	월 일	분 초	

241017-1498 ~ 241017-1501

6

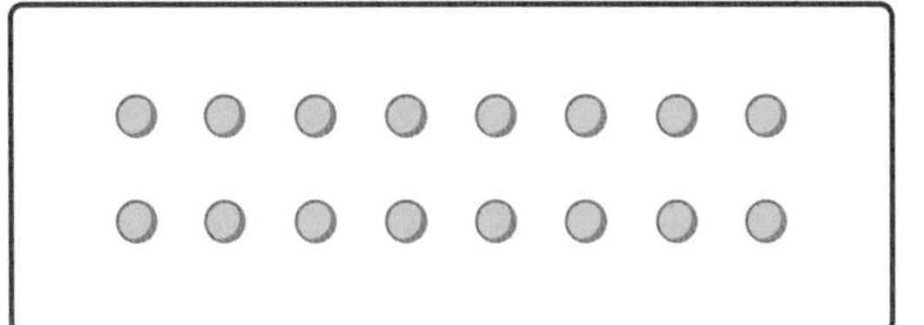

2 × □ = □

4 × □ = □

8 × □ = □

8

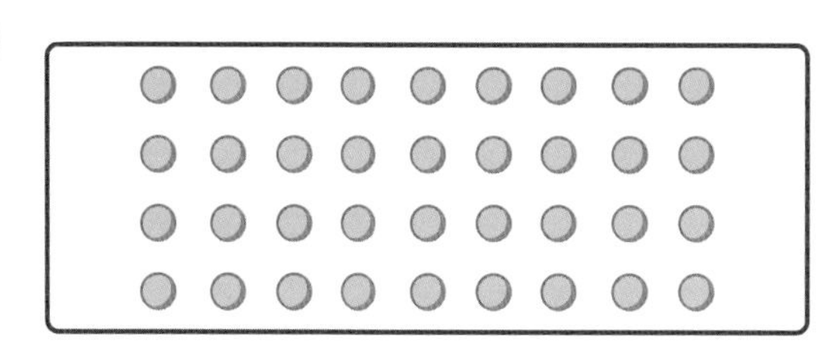

4 × □ = □

6 × □ = □

9 × □ = □

7

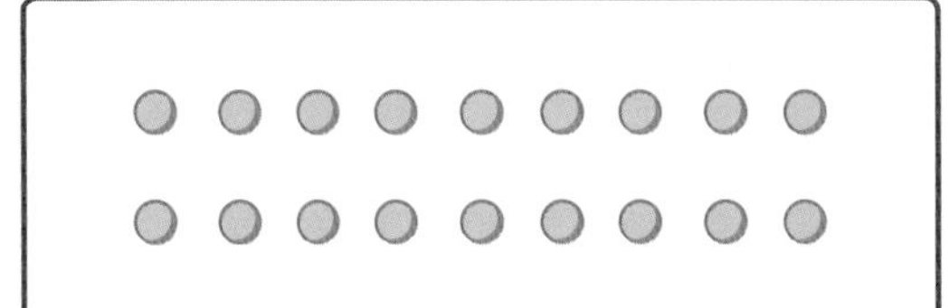

2 × □ = □

3 × □ = □

6 × □ = □

9 × □ = □

9

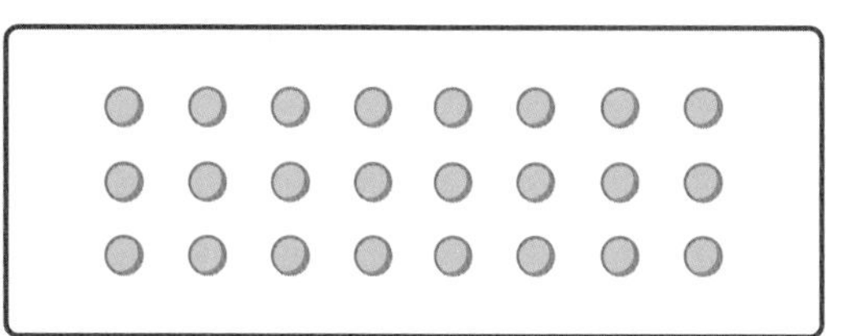

3 × □ = □

4 × □ = □

6 × □ = □

8 × □ = □

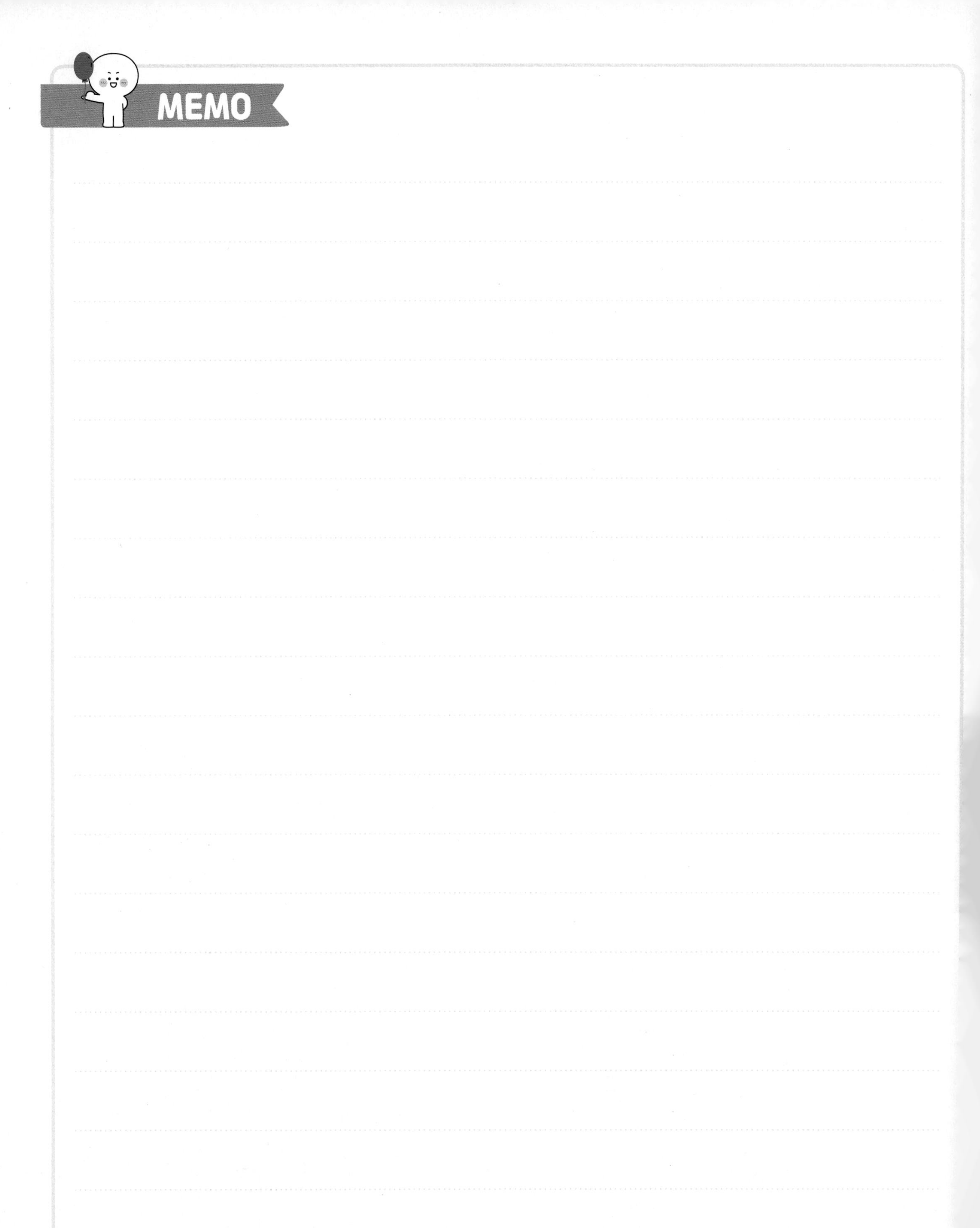
MEMO

정답

(두 자리 수) + (한 자리 수)

1일차

10~11쪽

① (1) 34 + 6 = 40
② (1) 27 + 8 = 35
③ (1) 28 + 4 = 32
④ (1) 16 + 5 = 21
⑤ (1) 43 + 8 = 51
⑥ (1) 55 + 6 = 61
⑦ (1) 56 + 8 = 64
⑧ (1) 63 + 7 = 70
⑨ (1) 64 + 8 = 72
⑩ (1) 79 + 9 = 88
⑪ (1) 84 + 7 = 91
⑫ 17 + 5 = 22
⑬ 36 + 6 = 42
⑭ 79 + 4 = 83
⑮ 53 + 9 = 62
⑯ 68 + 6 = 74
⑰ 73 + 8 = 81
⑱ 87 + 8 = 95
⑲ 89 + 9 = 98
⑳ 18 + 7 = 25
㉑ 25 + 5 = 30
㉒ 29 + 5 = 34
㉓ 64 + 6 = 70
㉔ 58 + 9 = 67
㉕ 47 + 9 = 56
㉖ 88 + 8 = 96

2일차

12~13쪽

① 15+9 : 15 + 9 = 24
② 19+3 : 19 + 3 = 22
③ 36+5 : 36 + 5 = 41
④ 68+4 : 68 + 4 = 72
⑤ 75+7 : 75 + 7 = 82
⑥ 81+9 : 81 + 9 = 90
⑦ 67+7 : 67 + 7 = 74
⑧ 74+9 : 74 + 9 = 83
⑨ 48+8 : 48 + 8 = 56
⑩ 49+2 : 49 + 2 = 51
⑪ 39+6 : 39 + 6 = 45
⑫ 13+7 : 13 + 7 = 20
⑬ 69+9 : 69 + 9 = 78
⑭ 25+9 : 25 + 9 = 34
⑮ 45+8 : 45 + 8 = 53
⑯ 79+6 : 79 + 6 = 85
⑰ 34+8 : 34 + 8 = 42
⑱ 29+8 : 29 + 8 = 37
⑲ 59+9 : 59 + 9 = 68
⑳ 19+7 : 19 + 7 = 26
㉑ 47+7 : 47 + 7 = 54
㉒ 38+6 : 38 + 6 = 44
㉓ 85+6 : 85 + 6 = 91

3일차

14~15쪽

① 12 + 9 = 21
② 26 + 9 = 35
③ 37 + 6 = 43
④ 69 + 7 = 76
⑤ 69 + 5 = 74
⑥ 71 + 9 = 80
⑦ 29 + 4 = 33
⑧ 48 + 5 = 53
⑨ 87 + 9 = 96
⑩ 57 + 5 = 62
⑪ 17 + 8 = 25
⑫ 87 + 4 = 91
⑬ 49 + 5 = 54
⑭ 55 + 5 = 60

⑮ 19+5=24
⑯ 25+7=32
⑰ 25+8=33
⑱ 32+9=41
⑲ 57+7=64
⑳ 28+3=31
㉑ 35+8=43
㉒ 36+9=45
㉓ 63+9=72
㉔ 58+9=67
㉕ 58+7=65
㉖ 46+8=54
㉗ 68+7=75
㉘ 83+7=90
㉙ 67+6=73
㉚ 78+3=81
㉛ 88+4=92
㉜ 69+2=71
㉝ 24+7=31
㉞ 39+9=48
㉟ 56+6=62

4일차

16~17쪽

① 37 + 8 = 45
② 18 + 3 = 21
③ 75 + 5 = 80
④ 83 + 9 = 92
⑤ 35 + 7 = 42
⑥ 45 + 9 = 54
⑦ 38 + 8 = 46
⑧ 87 + 6 = 93
⑨ 48 + 9 = 57
⑩ 29 + 9 = 38
⑪ 17 + 6 = 23
⑫ 84 + 6 = 90
⑬ 75 + 6 = 81
⑭ 36 + 8 = 44

⑮ 45+9=54
⑯ 19+8=27
⑰ 65+9=74
⑱ 88+3=91
⑲ 55+8=63
⑳ 78+8=86
㉑ 38+7=45
㉒ 22+8=30
㉓ 75+8=83
㉔ 77+8=85
㉕ 89+7=96
㉖ 49+8=57
㉗ 63+8=71
㉘ 58+6=64
㉙ 79+7=86
㉚ 54+9=63
㉛ 89+6=95
㉜ 69+3=72
㉝ 35+5=40
㉞ 26+5=31
㉟ 49+9=58

5일차

18~19쪽

① 28, 7 → 35
② 34, 9 → 43
③ 55, 7 → 62
④ 28, 9 → 37
⑤ 86, 8 → 94
⑥ 24, 8 → 32
⑦ 48, 6 → 54
⑧ 58, 8 → 66
⑨ 16, 9 → 25
⑩ 39, 5 → 44
⑪ 65, 8 → 73
⑫ 37, 3 → 40
⑬ 42, 9 → 51
⑭ 61, 9 → 70

⑮ 14, 7 → 21
⑯ 89, 7 → 96
⑰ 55, 9 → 64
⑱ 46, 6 → 52
⑲ 56, 7 → 63
⑳ 16, 6 → 22
㉑ 27, 5 → 32
㉒ 38, 5 → 43
㉓ 57, 7 → 64
㉔ 68, 8 → 76
㉕ 25, 6 → 31
㉖ 68, 9 → 77
㉗ 51, 9 → 60
㉘ 34, 7 → 41
㉙ 79, 6 → 85

연산 2차시

(두 자리 수)+(두 자리 수)

1일차

22~23쪽

1. [1] 28 + 34 = 62
2. [1] 53 + 39 = 92
3. [1] 68 + 12 = 80
4. [1] 15 + 58 = 73
5. [1] 16 + 17 = 33
6. [1] 58 + 26 = 84
7. [1] 37 + 19 = 56
8. [1] 67 + 23 = 90
9. [1] 59 + 22 = 81
10. [1] 39 + 28 = 67
11. [1] 77 + 17 = 94
12. 55 + 25 = 80
13. 14 + 58 = 72
14. 74 + 19 = 93
15. 48 + 38 = 86
16. 23 + 29 = 52
17. 44 + 37 = 81
18. 16 + 35 = 51
19. 36 + 59 = 95
20. 67 + 17 = 84
21. 28 + 49 = 77
22. 46 + 27 = 73
23. 29 + 37 = 66
24. 35 + 49 = 84
25. 11 + 49 = 60
26. 43 + 48 = 91

2일차

24~25쪽

1. [1] 30 + 90 = 120
2. [1] 77 + 92 = 169
3. [1] 66 + 83 = 149
4. [1] 96 + 41 = 137
5. [1] 46 + 83 = 129
6. [1] 63 + 93 = 156
7. [1] 83 + 91 = 174
8. [1] 22 + 86 = 108
9. [1] 84 + 73 = 157
10. [1] 76 + 60 = 136
11. [1] 31 + 81 = 112
12. 60 + 60 = 120
13. 11 + 96 = 107
14. 53 + 74 = 127
15. 67 + 92 = 159
16. 77 + 72 = 149
17. 92 + 76 = 168
18. 76 + 61 = 137
19. 32 + 86 = 118
20. 55 + 84 = 139
21. 36 + 82 = 118
22. 74 + 91 = 165
23. 83 + 66 = 149
24. 73 + 82 = 155
25. 96 + 80 = 176
26. 93 + 72 = 165

3일차

26~27쪽

1. 37+58=95
2. 73+18=91
3. 13+17=30
4. 22+29=51
5. 48+29=77
6. 26+47=73
7. 27+18=45
8. 38+29=67
9. 16+34=50
10. 48+33=81
11. 13+47=60
12. 46+38=84
13. 26+28=54
14. 45+39=84
15. 11+29=40
16. 69+29=98
17. 17+65=82
18. 46+46=92
19. 18+23=41
20. 48+28=76
21. 53+91=144
22. 73+95=168
23. 65+72=137
24. 83+45=128
25. 54+53=107
26. 91+82=173
27. 92+92=184
28. 54+62=116
29. 90+80=170
30. 41+81=122
31. 89+70=159
32. 44+92=136
33. 64+74=138
34. 67+91=158
35. 42+66=108
36. 73+83=156
37. 84+33=117
38. 87+42=129
39. 34+92=126
40. 32+93=125
41. 91+32=123

4일차

28~29쪽

1. 87 + 13 = 100
2. 79 + 28 = 107
3. 56 + 89 = 145
4. 86 + 76 = 162
5. 37 + 86 = 123
6. 66 + 77 = 143
7. 19 + 93 = 112
8. 67 + 77 = 144
9. 39 + 79 = 118
10. 22 + 98 = 120
11. 58 + 68 = 126
12. 78 + 53 = 131
13. 65 + 89 = 154
14. 76 + 95 = 171
15. 87+57=144
16. 49+78=127
17. 66+89=155
18. 26+77=103
19. 93+98=191
20. 87+37=124
21. 36+77=113
22. 27+98=125
23. 95+79=174
24. 78+79=157
25. 87+46=133
26. 32+68=100
27. 99+99=198
28. 74+89=163
29. 18+93=111
30. 84+76=160
31. 76+69=145
32. 68+58=126
33. 69+38=107
34. 78+86=164
35. 43+79=122

5일차

30~31쪽

번호			합
1	34	82	116
2	23	58	81
3	54	76	130
4	55	93	148
5	94	85	179
6	99	56	155
7	89	32	121
8	58	36	94
9	61	85	146
10	66	17	83
11	98	88	186
12	44	59	103
13	83	59	142
14	73	52	125
15	19	27	46
16	33	81	114
17	91	78	169
18	75	50	125
19	46	86	132
20	76	64	140
21	36	82	118
22	46	16	62
23	62	19	81
24	97	28	125
25	23	85	108
26	24	99	123
27	19	39	58
28	86	68	154
29	35	89	124

연산 3차시

여러 가지 방법으로 덧셈하기

1일차

34~35쪽

① 39+18=40+17 =57
② 65+26=80+11 =91
③ 46+27=60+13 =73
④ 86+63=140+9 =149
⑤ 29+64=80+13 =93
⑥ 49+75=110+14 =124
⑦ 58+24=70+12 =82
⑧ 96+92=180+8 =188
⑨ 24+69=80+13 =93
⑩ 53+17=60+10 =70
⑪ 63+58=110+11 =121
⑫ 53+39=92
⑬ 26+35=61
⑭ 63+54=117
⑮ 35+28=63
⑯ 14+90=104
⑰ 39+25=64
⑱ 43+29=72
⑲ 87+48=135
⑳ 29+38=67
㉑ 67+18=85
㉒ 86+18=104
㉓ 99+24=123
㉔ 62+85=147
㉕ 19+27=46
㉖ 58+67=125
㉗ 59+94=153
㉘ 71+53=124
㉙ 48+89=137

2일차

36~37쪽

① 26+35=56+5 =61
② 36+57=86+7 =93
③ 75+91=165+1 =166
④ 38+37=68+7 =75
⑤ 58+51=108+1 =109
⑥ 15+69=75+9 =84
⑦ 65+83=145+3 =148
⑧ 48+96=138+6 =144
⑨ 33+48=73+8 =81
⑩ 23+49=63+9 =72
⑪ 71+63=131+3 =134
⑫ 15+47=62
⑬ 38+38=76
⑭ 48+23=71
⑮ 62+64=126
⑯ 59+36=95
⑰ 91+37=128
⑱ 76+41=117
⑲ 64+59=123
⑳ 84+19=103
㉑ 83+75=158
㉒ 71+19=90
㉓ 66+55=121
㉔ 49+51=100
㉕ 37+97=134
㉖ 78+73=151
㉗ 92+57=149
㉘ 55+82=137
㉙ 34+85=119

3일차

38~39쪽

1. 49+36=86−1 (50 1) =85
2. 18+27=47−2 (20 2) =45
3. 38+24=64−2 (40 2) =62
4. 46+26=76−4 (50 4) =72
5. 67+76=146−3 (70 3) =143
6. 69+26=96−1 (70 1) =95
7. 58+33=93−2 (60 2) =91
8. 28+33=63−2 (30 2) =61
9. 57+56=116−3 (60 3) =113
10. 29+82=112−1 (30 1) =111
11. 86+67=157−4 (90 4) =153
12. 38+57=95
13. 19+34=53
14. 26+49=75
15. 67+25=92
16. 46+35=81
17. 78+27=105
18. 87+24=111
19. 56+38=94
20. 67+88=155
21. 47+47=94
22. 69+77=146
23. 68+16=84
24. 57+25=82
25. 49+78=127
26. 76+55=131
27. 28+15=43
28. 77+18=95
29. 89+33=122

4일차

40~41쪽

1. 38+46=88−4 (50 4) =84
2. 37+48=87−2 (50 2) =85
3. 45+25=75−5 (30 5) =70
4. 74+17=94−3 (20 3) =91
5. 87+36=127−4 (40 4) =123
6. 28+29=58−1 (30 1) =57
7. 24+88=114−2 (90 2) =112
8. 39+55=99−5 (60 5) =94
9. 47+58=107−2 (60 2) =105
10. 75+85=165−5 (90 5) =160
11. 98+79=178−1 (80 1) =177
12. 19+28=47
13. 36+25=61
14. 48+37=85
15. 84+59=143
16. 57+18=75
17. 83+77=160
18. 24+66=90
19. 33+49=82
20. 44+47=91
21. 16+36=52
22. 49+39=88
23. 15+19=34
24. 63+89=152
25. 37+75=112
26. 76+28=104
27. 29+27=56
28. 58+29=87
29. 39+38=77

5일차

42~43쪽

1. 59+37=96
2. 36+25=61
3. 53+39=92
4. 26+16=42
5. 87+33=120
6. 47+65=112
7. 36+24=60
8. 47+29=76
9. 89+14=103
10. 66+88=154
11. 26+29=55
12. 65+28=93
13. 84+88=172
14. 59+69=128
15. 26+37=63
16. 34+27=61
17. 56+16=72
18. 48+55=103
19. 27+69=96
20. 69+54=123
21. 16+19=35
22. 44+18=62
23. 76+58=134
24. 18+47=65
25. 59+33=92
26. 86+64=150
27. 49+29=78
28. 57+25=82
29. 49+78=127
30. 56+27=83
31. 28+49=77
32. 29+28=57
33. 67+64=131

연산 4차시

(두 자리 수) - (한 자리 수)

1일차

46~47쪽

① (2, 10) 36 − 9 = 27
② (1, 10) 25 − 6 = 19
③ (7, 10) 81 − 7 = 74
④ (5, 10) 61 − 7 = 54
⑤ (4, 10) 53 − 7 = 46
⑥ (5, 10) 61 − 8 = 53
⑦ (3, 10) 40 − 8 = 32
⑧ (3, 10) 44 − 6 = 38
⑨ (7, 10) 81 − 5 = 76
⑩ (6, 10) 75 − 8 = 67
⑪ (1, 10) 24 − 9 = 15
⑫ 44 − 5 = 39
⑬ 94 − 8 = 86
⑭ 82 − 8 = 74
⑮ 30 − 4 = 26
⑯ 91 − 9 = 82
⑰ 31 − 6 = 25
⑱ 25 − 8 = 17
⑲ 67 − 8 = 59
⑳ 32 − 7 = 25
㉑ 22 − 9 = 13
㉒ 28 − 9 = 19
㉓ 21 − 6 = 15
㉔ 62 − 4 = 58
㉕ 80 − 2 = 78
㉖ 31 − 5 = 26

2일차

48~49쪽

① 51−4: 51 − 4 = 47
② 73−9: 73 − 9 = 64
③ 42−5: 42 − 5 = 37
④ 80−1: 80 − 1 = 79
⑤ 32−9: 32 − 9 = 23
⑥ 93−8: 93 − 8 = 85
⑦ 34−5: 34 − 5 = 29
⑧ 21−9: 21 − 9 = 12
⑨ 47−9: 47 − 9 = 38
⑩ 36−7: 36 − 7 = 29
⑪ 83−6: 83 − 6 = 77
⑫ 62−6: 62 − 6 = 56
⑬ 95−7: 95 − 7 = 88
⑭ 45−9: 45 − 9 = 36
⑮ 57−8: 57 − 8 = 49
⑯ 31−9: 31 − 9 = 22
⑰ 50−7: 50 − 7 = 43
⑱ 33−7: 33 − 7 = 26
⑲ 86−9: 86 − 9 = 77
⑳ 61−4: 61 − 4 = 57
㉑ 54−5: 54 − 5 = 49
㉒ 20−6: 20 − 6 = 14
㉓ 82−7: 82 − 7 = 75

3일차

50~51쪽

① 32 − 8 = 24
② 41 − 9 = 32
③ 44 − 7 = 37
④ 94 − 6 = 88
⑤ 76 − 9 = 67
⑥ 52 − 3 = 49
⑦ 90 − 9 = 81
⑧ 83 − 5 = 78
⑨ 24 − 8 = 16
⑩ 43 − 7 = 36
⑪ 35 − 7 = 28
⑫ 88 − 9 = 79
⑬ 64 − 9 = 55
⑭ 62 − 5 = 57
⑮ 64−7=57
⑯ 32−6=26
⑰ 38−9=29
⑱ 52−5=47
⑲ 42−8=34
⑳ 86−8=78
㉑ 75−9=66
㉒ 76−8=68
㉓ 94−5=89
㉔ 23−7=16
㉕ 83−8=75
㉖ 74−6=68
㉗ 52−7=45
㉘ 68−9=59
㉙ 81−3=78
㉚ 63−8=55
㉛ 97−9=88
㉜ 20−5=15
㉝ 45−8=37
㉞ 52−9=43
㉟ 83−4=79

4일차

52~53쪽

① 23 − 5 = 18
② 84 − 9 = 75
③ 94 − 7 = 87
④ 34 − 9 = 25
⑤ 44 − 8 = 36
⑥ 60 − 4 = 56
⑦ 54 − 6 = 48
⑧ 24 − 8 = 16
⑨ 35 − 8 = 27
⑩ 21 − 8 = 13
⑪ 92 − 3 = 89
⑫ 71 − 6 = 65
⑬ 33 − 9 = 24
⑭ 86 − 7 = 79
⑮ 53−9=44
⑯ 97−8=89
⑰ 62−9=53
⑱ 93−4=89
⑲ 72−5=67
⑳ 25−7=18
㉑ 51−3=48
㉒ 81−4=77
㉓ 64−8=56
㉔ 42−7=35
㉕ 70−8=62
㉖ 92−6=86
㉗ 34−7=27
㉘ 82−5=77
㉙ 73−5=68
㉚ 34−7=27
㉛ 45−9=36
㉜ 92−5=87
㉝ 27−9=18
㉞ 56−9=47
㉟ 68−9=59

5일차

54~55쪽

① 62, 8 / 54
② 76, 7 / 69
③ 90, 1 / 89
④ 25, 9 / 16
⑤ 33, 5 / 28
⑥ 52, 7 / 45
⑦ 95, 9 / 86
⑧ 70, 8 / 62
⑨ 73, 8 / 65
⑩ 65, 7 / 58
⑪ 43, 6 / 37
⑫ 63, 6 / 57
⑬ 37, 8 / 29
⑭ 81, 6 / 75
⑮ 20, 7 / 13
⑯ 63, 9 / 54
⑰ 94, 5 / 89
⑱ 34, 8 / 26
⑲ 84, 5 / 79
⑳ 23, 7 / 16
㉑ 85, 9 / 76
㉒ 22, 8 / 14
㉓ 91, 6 / 85
㉔ 34, 6 / 28
㉕ 81, 8 / 73
㉖ 37, 9 / 28
㉗ 23, 6 / 17
㉘ 64, 5 / 59
㉙ 52, 4 / 48

연산 5차시

(두 자리 수)-(두 자리 수)

1일차

58~59쪽

① 2 10 / 30 − 17 = 13
② 7 10 / 80 − 22 = 58
③ 8 10 / 90 − 27 = 63
④ 6 10 / 70 − 23 = 47
⑤ 7 10 / 80 − 38 = 42
⑥ 3 10 / 40 − 16 = 24
⑦ 6 10 / 70 − 45 = 25
⑧ 4 10 / 50 − 34 = 16
⑨ 5 10 / 60 − 53 = 7
⑩ 3 10 / 40 − 21 = 19
⑪ 8 10 / 90 − 58 = 32
⑫ 70 − 55 = 15
⑬ 80 − 18 = 62
⑭ 90 − 16 = 74
⑮ 60 − 24 = 36
⑯ 40 − 29 = 11
⑰ 40 − 13 = 27
⑱ 60 − 38 = 22
⑲ 80 − 47 = 33
⑳ 90 − 29 = 61
㉑ 90 − 14 = 76
㉒ 70 − 32 = 38
㉓ 60 − 17 = 43
㉔ 90 − 41 = 49
㉕ 80 − 26 = 54
㉖ 70 − 13 = 57

2일차

60~61쪽

① 40−25=15
② 50−18=32
③ 70−46=24
④ 30−12=18
⑤ 90−87=3
⑥ 40−17=23
⑦ 70−29=41
⑧ 50−26=24
⑨ 40−24=16
⑩ 90−46=44
⑪ 60−48=12
⑫ 70−36=34
⑬ 50−33=17
⑭ 90−25=65
⑮ 80−35=45
⑯ 90−24=66
⑰ 70−61=9
⑱ 80−28=52
⑲ 50−22=28
⑳ 80−29=51
㉑ 80−39=41
㉒ 50−14=36
㉓ 70−52=18
㉔ 30−19=11
㉕ 40−18=22
㉖ 50−31=19
㉗ 70−16=54
㉘ 60−15=45
㉙ 80−64=16
㉚ 20−13=7
㉛ 70−19=51
㉜ 60−37=23
㉝ 80−56=24
㉞ 90−77=13
㉟ 90−11=79
㊱ 70−38=32
㊲ 30−13=17
㊳ 40−22=18
㊴ 80−46=34
㊵ 60−12=48
㊶ 50−27=23

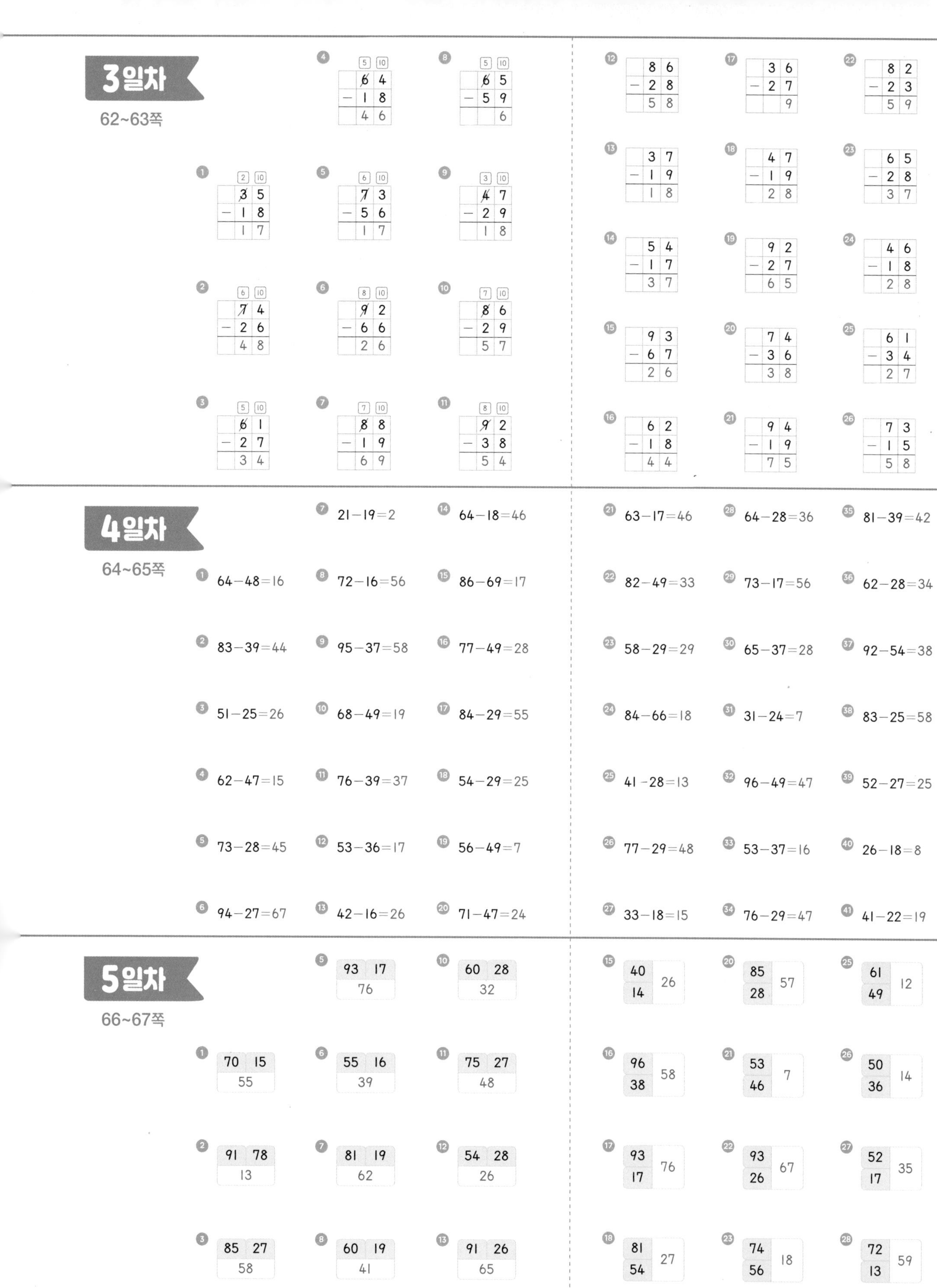

3일차

62~63쪽

① (2, 10) 35 − 18 = 17
② (6, 10) 74 − 26 = 48
③ (5, 10) 61 − 27 = 34
④ (5, 10) 64 − 18 = 46
⑤ (6, 10) 73 − 56 = 17
⑥ (8, 10) 92 − 66 = 26
⑦ (7, 10) 88 − 19 = 69
⑧ (5, 10) 65 − 59 = 6
⑨ (3, 10) 47 − 29 = 18
⑩ (7, 10) 86 − 29 = 57
⑪ (8, 10) 92 − 38 = 54
⑫ 86 − 28 = 58
⑬ 37 − 19 = 18
⑭ 54 − 17 = 37
⑮ 93 − 67 = 26
⑯ 62 − 18 = 44
⑰ 36 − 27 = 9
⑱ 47 − 19 = 28
⑲ 92 − 27 = 65
⑳ 74 − 36 = 38
㉑ 94 − 19 = 75
㉒ 82 − 23 = 59
㉓ 65 − 28 = 37
㉔ 46 − 18 = 28
㉕ 61 − 34 = 27
㉖ 73 − 15 = 58

4일차

64~65쪽

① 64−48=16
② 83−39=44
③ 51−25=26
④ 62−47=15
⑤ 73−28=45
⑥ 94−27=67
⑦ 21−19=2
⑧ 72−16=56
⑨ 95−37=58
⑩ 68−49=19
⑪ 76−39=37
⑫ 53−36=17
⑬ 42−16=26
⑭ 64−18=46
⑮ 86−69=17
⑯ 77−49=28
⑰ 84−29=55
⑱ 54−29=25
⑲ 56−49=7
⑳ 71−47=24
㉑ 63−17=46
㉒ 82−49=33
㉓ 58−29=29
㉔ 84−66=18
㉕ 41−28=13
㉖ 77−29=48
㉗ 33−18=15
㉘ 64−28=36
㉙ 73−17=56
㉚ 65−37=28
㉛ 31−24=7
㉜ 96−49=47
㉝ 53−37=16
㉞ 76−29=47
㉟ 81−39=42
㊱ 62−28=34
㊲ 92−54=38
㊳ 83−25=58
㊴ 52−27=25
㊵ 26−18=8
㊶ 41−22=19

5일차

66~67쪽

① 70, 15 / 55
② 91, 78 / 13
③ 85, 27 / 58
④ 76, 27 / 49
⑤ 93, 17 / 76
⑥ 55, 16 / 39
⑦ 81, 19 / 62
⑧ 60, 19 / 41
⑨ 61, 28 / 33
⑩ 60, 28 / 32
⑪ 75, 27 / 48
⑫ 54, 28 / 26
⑬ 91, 26 / 65
⑭ 83, 37 / 46
⑮ 40, 14 / 26
⑯ 96, 38 / 58
⑰ 93, 17 / 76
⑱ 81, 54 / 27
⑲ 52, 18 / 34
⑳ 85, 28 / 57
㉑ 53, 46 / 7
㉒ 93, 26 / 67
㉓ 74, 56 / 18
㉔ 61, 32 / 29
㉕ 61, 49 / 12
㉖ 50, 36 / 14
㉗ 52, 17 / 35
㉘ 72, 13 / 59
㉙ 82, 39 / 43

연산 6차시

여러 가지 방법으로 뺄셈하기

1일차

70~71쪽

1. 45−28=25−8 =17
2. 77−48=37−8 =29
3. 85−39=55−9 =46
4. 94−75=24−5 =19
5. 63−16=53−6 =47
6. 41−39=11−9 =2
7. 74−18=64−8 =56
8. 81−47=41−7 =34
9. 92−35=62−5 =57
10. 67−39=37−9 =28
11. 73−47=33−7 =26
12. 84−68=16
13. 64−28=36
14. 42−27=15
15. 77−18=59
16. 74−27=47
17. 31−14=17
18. 91−13=78
19. 83−25=58
20. 35−26=9
21. 92−26=66
22. 43−18=25
23. 94−68=26
24. 92−17=75
25. 76−37=39
26. 54−25=29
27. 73−27=46
28. 86−18=68
29. 52−27=25

2일차

72~73쪽

1. 92−19(20, 1)=72+1 =73
2. 81−37(40, 3)=41+3 =44
3. 96−38(40, 2)=56+2 =58
4. 74−17(20, 3)=54+3 =57
5. 91−25(30, 5)=61+5 =66
6. 55−27(30, 3)=25+3 =28
7. 62−37(40, 3)=22+3 =25
8. 65−18(20, 2)=45+2 =47
9. 95−76(80, 4)=15+4 =19
10. 54−19(20, 1)=34+1 =35
11. 72−39(40, 1)=32+1 =33
12. 51−23=28
13. 94−48=46
14. 76−39=37
15. 42−18=24
16. 98−29=69
17. 52−37=15
18. 84−17=67
19. 75−46=29
20. 34−16=18
21. 62−16=46
22. 52−28=24
23. 35−19=16
24. 61−22=39
25. 64−29=35
26. 31−18=13
27. 48−19=29
28. 82−24=58
29. 53−28=25

3일차

74~75쪽

① $84-38=50-4=46$ (34 4)

② $34-17=20-3=17$ (14 3)

③ $97-39=60-2=58$ (37 2)

④ $81-57=30-6=24$ (51 6)

⑤ $67-18=50-1=49$ (17 1)

⑥ $42-19=30-7=23$ (12 7)

⑦ $71-44=30-3=27$ (41 3)

⑧ $61-25=40-4=36$ (21 4)

⑨ $92-57=40-5=35$ (52 5)

⑩ $73-28=50-5=45$ (23 5)

⑪ $82-56=30-4=26$ (52 4)

⑫ $32-16=16$

⑬ $45-18=27$

⑭ $73-58=15$

⑮ $96-59=37$

⑯ $67-28=39$

⑰ $81-15=66$

⑱ $85-67=18$

⑲ $84-29=55$

⑳ $61-25=36$

㉑ $53-24=29$

㉒ $54-39=15$

㉓ $72-25=47$

㉔ $76-19=57$

㉕ $88-69=19$

㉖ $94-36=58$

㉗ $84-47=37$

㉘ $62-34=28$

㉙ $55-18=37$

4일차

76~77쪽

① $53-27=30-4=26$ (57 4)

② $72-57=20-5=15$ (77 5)

③ $85-49=40-4=36$ (89 4)

④ $96-77=20-1=19$ (97 1)

⑤ $42-16=30-4=26$ (46 4)

⑥ $51-14=40-3=37$ (54 3)

⑦ $92-55=40-3=37$ (95 3)

⑧ $73-15=60-2=58$ (75 2)

⑨ $93-16=80-3=77$ (96 3)

⑩ $82-23=60-1=59$ (83 1)

⑪ $44-28=20-4=16$ (48 4)

⑫ $32-17=15$

⑬ $43-15=28$

⑭ $64-37=27$

⑮ $83-64=19$

⑯ $91-77=14$

⑰ $81-25=56$

⑱ $56-29=27$

⑲ $72-27=45$

⑳ $55-29=26$

㉑ $91-19=72$

㉒ $52-19=33$

㉓ $73-59=14$

㉔ $97-79=18$

㉕ $82-47=35$

㉖ $71-45=26$

㉗ $62-27=35$

㉘ $72-15=57$

㉙ $84-35=49$

5일차

78~79쪽

① $43-28=15$

② $84-58=26$

③ $77-28=49$

④ $56-19=37$

⑤ $93-17=76$

⑥ $83-27=56$

⑦ $81-27=54$

⑧ $43-16=27$

⑨ $54-29=25$

⑩ $73-25=48$

⑪ $61-37=24$

⑫ $96-28=68$

⑬ $41-25=16$

⑭ $71-26=45$

⑮ $72-19=53$

⑯ $52-25=27$

⑰ $78-19=59$

⑱ $55-39=16$

⑲ $61-27=34$

⑳ $82-15=67$

㉑ $85-38=47$

㉒ $72-48=24$

㉓ $88-29=59$

㉔ $82-47=35$

㉕ $71-43=28$

㉖ $63-18=45$

㉗ $93-26=67$

㉘ $66-38=28$

㉙ $84-27=57$

㉚ $41-17=24$

㉛ $66-48=18$

㉜ $96-37=59$

㉝ $95-49=46$

연산 7차시

덧셈과 뺄셈의 관계를 식으로 나타내기

1일차

82~83쪽

❶ 26 + 25 = 51 → 51 − [26] = 25

❷ 26 + 25 = 51 → 51 − [25] = 26

❸ 38 + 26 = 64 → 64 − [38] = 26

❹ 38 + 26 = 64 → 64 − [26] = 38

❺ 23 + 57 = 80 → 80 − [23] = 57

❻ 23 + 57 = 80 → 80 − [57] = 23

❼ 46 + 27 = 73 → 73 − [46] = 27

❽ 46 + 27 = 73 → 73 − [27] = 46

❾ 15 + 36 = 51 → 51 − [15] = [36]

❿ 15 + 36 = 51 → 51 − [36] = [15]

⓫ 77 + 6 = 83 → 83 − [77] = [6]

⓬ 77 + 6 = 83 → 83 − [6] = [77]

⓭ 47 + 28 = 75 → 75 − [47] = [28]

⓮ 47 + 28 = 75 → 75 − [28] = [47]

⓯ 26 + 46 = 72 → 72 − [26] = [46]

⓰ 26 + 46 = 72 → 72 − [46] = [26]

⓱ 44 + 38 = 82 → 82 − [44] = [38]

⓲ 44 + 38 = 82 → 82 − [38] = [44]

2일차

84~85쪽

❶ 47+8=55 → 55−47=8, 55−[8]=[47]

❷ 38+25=63 → 63−38=25, 63−[25]=[38]

❸ 36+47=83 → 83−36=47, 83−[47]=[36]

❹ 47+45=92 → 92−47=45, 92−[45]=[47]

❺ 44+28=72 → 72−28=44, 72−[44]=[28]

❻ 53+29=82 → 82−29=53, 82−[53]=[29]

❼ 25+7=32 → 32−7=25, 32−[25]=[7]

❽ 52+38=90 → 90−38=52, 90−[52]=[38]

❾ 39+27=66 → 66−27=39, 66−[39]=[27]

❿ 67+9=76 → 76−9=67, [76]−[67]=[9]

⓫ 56+39=95 → 95−39=56, [95]−[56]=[39]

⓬ 38+16=54 → 54−16=38, [54]−[38]=[16]

⓭ 74+17=91 → 91−74=17, [91]−[17]=[74]

⓮ 45+29=74 → 74−29=45, [74]−[45]=[29]

⓯ 49+44=93 → 93−49=44, [93]−[44]=[49]

⓰ 69+9=78 → 78−9=69, [78]−[69]=[9]

⓱ 15+26=41 → 41−26=15, [41]−[15]=[26]

⓲ 25+57=82 → 82−25=57, [82]−[57]=[25]

⓳ 67+18=85 → 85−18=67, [85]−[67]=[18]

3일차

86~87쪽

1. 96 − 47 = 49 → 49 + [47] = 96
2. 96 − 47 = 49 → 47 + [49] = 96
3. 81 − 36 = 45 → 45 + [36] = 81
4. 81 − 36 = 45 → 36 + [45] = 81
5. 73 − 29 = 44 → 44 + [29] = 73
6. 73 − 29 = 44 → 29 + [44] = 73
7. 32 − 15 = 17 → 17 + [15] = 32
8. 32 − 15 = 17 → 15 + [17] = 32
9. 62 − 36 = 26 → 26 + [36] = [62]
10. 62 − 36 = 26 → 36 + [26] = [62]
11. 83 − 65 = 18 → 18 + [65] = [83]
12. 83 − 65 = 18 → 65 + [18] = [83]
13. 53 − 7 = 46 → 46 + [7] = [53]
14. 53 − 7 = 46 → 7 + [46] = [53]
15. 75 − 29 = 46 → 46 + [29] = [75]
16. 75 − 29 = 46 → 29 + [46] = [75]
17. 92 − 19 = 73 → 73 + [19] = [92]
18. 92 − 19 = 73 → 19 + [73] = [92]

4일차

88~89쪽

1. 44−18=26 → 26+18=44, 18+[26]=[44]
2. 84−25=59 → 59+25=84, 25+[59]=[84]
3. 63−9=54 → 54+9=63, 9+[54]=[63]
4. 81−46=35 → 35+46=81, 46+[35]=[81]
5. 35−17=18 → 17+18=35, 18+[17]=[35]
6. 52−13=39 → 13+39=52, 39+[13]=[52]
7. 76−39=37 → 39+37=76, 37+[39]=[76]
8. 92−59=33 → 59+33=92, 33+[59]=[92]
9. 84−28=56 → 28+56=84, 56+[28]=[84]
10. 31−14=17 → 17+14=31, [14]+[17]=[31]
11. 62−25=37 → 37+25=62, [25]+[37]=[62]
12. 53−8=45 → 8+45=53, [45]+[8]=[53]
13. 83−19=64 → 19+64=83, [64]+[19]=[83]
14. 87−78=9 → 9+78=87, [78]+[9]=[87]
15. 92−57=35 → 57+35=92, [35]+[57]=[92]
16. 75−29=46 → 46+29=75, [29]+[46]=[75]
17. 66−37=29 → 29+37=66, [37]+[29]=[66]
18. 91−37=54 → 37+54=91, [54]+[37]=[91]
19. 44−25=19 → 25+19=44, [19]+[25]=[44]

5일차

90~91쪽

1. [26]+8=34 → 34−[8]=26
2. 36+[37]=73 → [73]−37=36
3. 60−[42]=18 → [18]+42=60
4. [88]−39=49 → 39+[49]=88
5. 95−68=[27] → 27+[68]=95
6. [17]+38=55 → 55−[38]=17
7. 68+18=[86] → 86−[68]=18
8. [51]−27=24 → 27+[24]=51
9. 80−[31]=49 → 49+31=[80]
10. 12+[48]=60 → [60]−48=12
11. [17]+38=55 → 55−17=[38]
12. 82−[8]=74 → [74]+8=82
13. 88+5=[93] → 93−[88]=5
14. 45−[26]=19 → 19+26=[45]
15. 72−[56]=16 → 56+[16]=72
16. 29+[19]=48 → [48]−29=19
17. 58+[25]=83 → 83−[58]=25
18. [47]+27=74 → 74−[27]=47
19. 62−[33]=29 → 33+29=[62]

연산 8차시

□의 값 구하기

1일차

94~95쪽

1. 16 + [56] = 72
2. 46 + [19] = 65
3. [63] + 27 = 90
4. 33 + [18] = 51
5. [25] + 59 = 84
6. 26 + [35] = 61
7. [49] + 18 = 67
8. 35 + [37] = 72
9. 19 + [27] = 46
10. 66 + [29] = 95
11. 58 + [24] = 82
12. [15] + 36 = 51
13. [14] + 6 = 20
14. 18 + [4] = 22
15. [85] + 9 = 94
16. 26 + [47] = 73
17. [46] + 35 = 81
18. 27 + [18] = 45
19. [27] + 35 = 62
20. 54 + [17] = 71
21. 62 + [19] = 81
22. [77] + 14 = 91
23. 48 + [46] = 94
24. 25 + [69] = 94
25. 37 + [36] = 73
26. [65] + 15 = 80
27. 28 + [17] = 45
28. [43] + 18 = 61

2일차

96~97쪽

1. 12+[58]=70
2. 68+[8]=76
3. 48+[35]=83
4. [54]+43=97
5. 47+[29]=76
6. [43]+38=81
7. [28]+15=43
8. 19+[7]=26
9. [24]+59=83
10. 48+[13]=61
11. 28+[34]=62
12. [58]+34=92
13. 39+[16]=55
14. [36]+25=61
15. 29+[53]=82
16. [14]+28=42
17. 58+[19]=77
18. [57]+27=84
19. [18]+18=36
20. 18+[37]=55
21. [36]+55=91
22. 54+[26]=80
23. 72+[19]=91
24. [35]+27=62
25. 43+[49]=92
26. [28]+46=74
27. 46+[25]=71
28. [19]+37=56
29. 34+[58]=92
30. [27]+55=82
31. 18+[27]=45
32. 19+[59]=78
33. [39]+28=67
34. 35+[29]=64
35. [28]+63=91
36. [17]+57=74
37. 48+[29]=77
38. 42+[38]=80
39. 63+[29]=92
40. [27]+56=83

3일차

98~99쪽

1. 84 − [9] = 75
2. 96 − [29] = 67
3. 92 − [14] = 78
4. [75] − 19 = 56
5. [94] − 69 = 25
6. [63] − 9 = 54
7. [81] − 28 = 53
8. [65] − 37 = 28
9. 62 − [47] = 15
10. 81 − [36] = 45
11. [90] − 73 = 17
12. [57] − 18 = 39
13. 92 − [26] = 66
14. 90 − [54] = 36
15. [72] − 45 = 27
16. 53 − [6] = 47
17. [67] − 29 = 38
18. 61 − [28] = 33
19. [75] − 38 = 37
20. 68 − [39] = 29
21. 81 − [47] = 34
22. [65] − 8 = 57
23. 63 − [17] = 46
24. 67 − [38] = 29
25. [72] − 47 = 25
26. [63] − 36 = 27
27. [56] − 38 = 18
28. 60 − [49] = 11

4일차

100~101쪽

1. 54−[17]=37
2. [90]−55=35
3. 63−[39]=24
4. 72−[26]=46
5. [95]−38=57
6. [51]−5=46
7. 64−[46]=18
8. [73]−38=35
9. 60−[28]=32
10. [82]−44=38
11. [33]−16=17
12. 91−[67]=24
13. [84]−28=56
14. 83−[36]=47
15. [67]−48=19
16. [60]−17=43
17. 41−[19]=22
18. 93−[46]=47
19. [75]−58=17
20. 82−[46]=36
21. [91]−49=42
22. [74]−46=28
23. 72−[19]=53
24. 83−[37]=46
25. [45]−6=39
26. 93−[29]=64
27. 80−[7]=73
28. 53−[27]=26
29. [73]−19=54
30. 81−[43]=38
31. 76−[27]=49
32. [75]−39=36
33. 63−[18]=45
34. [71]−24=47
35. [80]−51=29
36. 93−[59]=34
37. [81]−26=55
38. 61−[36]=25
39. [90]−9=81
40. 64−[28]=36

5일차

102~103쪽

1. (−) 35 | 18 | 17
2. (−) 51 | 27 | 24
3. (+) 19 | 74 | 93
4. (−) 90 | 26 | 64
5. (−) 63 | 15 | 48
6. (+) 18 | 36 | 54
7. (−) 42 | 23 | 19
8. (+) 16 | 29 | 45
9. (+) 45 | 48 | 93
10. (+) 68 | 23 | 91
11. (−) 73 | 27 | 46
12. (+) 26 | 56 | 82
13. (−) 54 | 35 | 19
14. (−) 82 | 56 | 26
15. (+) 28 | 46 | 74
16. (+) 65 | 17 | 82
17. (−) 65 | 19 | 46
18. (−) 74 | 27 | 47
19. (−) 72 | 59 | 13
20. (−) 52 | 3 | 49
21. (+) 26 | 36 | 62
22. (+) 29 | 53 | 82
23. (−) 66 | 47 | 19
24. (+) 58 | 32 | 90
25. (−) 53 | 46 | 7
26. (+) 28 | 38 | 66
27. (−) 57 | 19 | 38
28. (−) 84 | 45 | 39
29. (+) 29 | 49 | 78

연산 9차시

세 수의 계산

1일차

106~107쪽

❶ 17+29+12=58 (17+29=46, 46+12=58)

❷ 29+37+14=80 (29+37=66, 66+14=80)

❸ 52+19+17=88 (52+19=71, 71+17=88)

❹ 16+21+49=86 (16+21=37, 37+49=86)

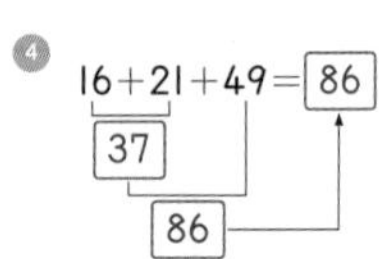

❺ 42+18+36=96 (42+18=60, 60+36=96)

❻ 19+18+53=90 (19+18=37, 37+53=90)

❼ 32+46+57=135 (32+46=78, 78+57=135)

❽ 18+24+32 =74

❾ 45+27+36 =108

❿ 52+14+27 =93

⓫ 26+27+24 =77

⓬ 26+39+24 =89

⓭ 34+14+28 =76

⓮ 54+17+11 =82

⓯ 67+14+26 =107

⓰ 27+43+39 =109

⓱ 29+49+14 =92

⓲ 56+18+17 =91

⓳ 25+11+16 =52

⓴ 50+27+19 =96

㉑ 28+16+25 =69

㉒ 16+25+19 =60

㉓ 28+17+15 =60

㉔ 15+29+7 =51

㉕ 50+28+17 =95

㉖ 23+17+43 =83

㉗ 42+15+19 =76

㉘ 55+16+16 =87

2일차

108~109쪽

❶ 64−17−13=34 (64−17=47, 47−13=34)

❷ 52−17−16=19 (52−17=35, 35−16=19)

❸ 76−45−18=13 (76−45=31, 31−18=13)

❹ 95−27−16=52 (95−27=68, 68−16=52)

❺ 83−36−17=30 (83−36=47, 47−17=30)

❻ 80−43−12=25 (80−43=37, 37−12=25)

❼ 74−16−18=40 (74−16=58, 58−18=40)

❽ 41−13−17 =11

❾ 45−17−11 =17

❿ 51−27−9 =15

⓫ 67−29−19 =19

⓬ 93−17−27 =49

⓭ 81−18−28 =35

⓮ 77−39−14 =24

⓯ 85−37−12 =36

⓰ 38−19−8 =11

⓱ 91−36−16 =39

⓲ 68−18−27 =23

⓳ 83−51−9 =23

⓴ 52−14−28 =10

㉑ 46−19−19 =8

㉒ 71−29−27 =15

㉓ 90−41−31 =18

㉔ 66−34−23 =9

㉕ 48−19−23 =6

㉖ 95−28−15 =52

㉗ 82−36−18 =28

㉘ 57−8−11 =38

3일차

110~111쪽

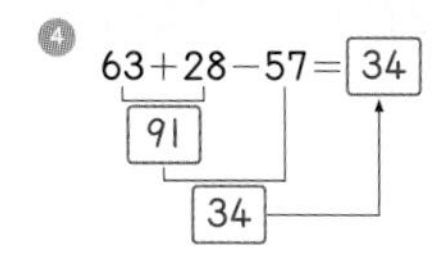

④ 63+28−57=34
91
34

① 36+19−37=18
55
18

② 49+13−26=36
62
36

③ 42+11−27=26
53
26

⑤ 57+14−19=52
71
52

⑥ 42+12−15=39
54
39

⑦ 75+16−87=4
91
4

⑧ 45+27−16 =56

⑨ 52+12−15 =49

⑩ 31+14−26 =19

⑪ 20+8−19 =9

⑫ 29+17−29 =17

⑬ 53+19−24 =48

⑭ 17+26−16 =27

⑮ 15+25−2 =38

⑯ 77+14−17 =74

⑰ 68+19−52 =35

⑱ 31+28−45 =14

⑲ 56+37−78 =15

⑳ 43+42−58 =27

㉑ 32+63−28 =67

㉒ 56+19−37 =38

㉓ 67+24−16 =75

㉔ 32+31−44 =19

㉕ 15+26−9 =32

4일차

112~113쪽

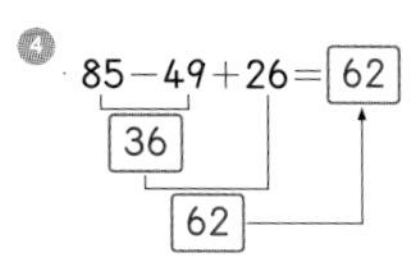

④ 85−49+26=62
36
62

① 32−29+87=90
3
90

② 46−28+19=37
18
37

③ 43−14+36=65
29
65

⑤ 52−35+27=44
17
44

⑥ 70−36+49=83
34
83

⑦ 55−14+27=68
41
68

⑧ 51−28+29 =52

⑨ 82−65+26 =43

⑩ 65−29+45 =81

⑪ 96−57+39 =78

⑫ 23−14+89 =98

⑬ 72−45+28 =55

⑭ 60−17+53 =96

⑮ 71−37+44 =78

⑯ 42−23+49 =68

⑰ 22−18+77 =81

⑱ 52−28+44 =68

⑲ 48−25+37 =60

⑳ 86−27+79 =138

㉑ 44−16+27 =55

㉒ 43−25+14 =32

㉓ 82−66+26 =42

㉔ 46−27+51 =70

㉕ 76−19+17 =74

5일차

114~115쪽

① 26+37+19 =82

② 57+14+29 =100

③ 71−23−28 =20

④ 38+26−17 =47

⑤ 26+15−18 =23

⑥ 82−25+14 =71

⑦ 70−45+24 =49

⑧ 44+27−18 =53

⑨ 36+24+47 =107

⑩ 55−16+13 =52

⑪ 55−17+27 =65

⑫ 84−39+29 =74

⑬ 47−29+84 =102

⑭ 70−18+39 =91

⑮ 46+25+17 =88

⑯ 43+17+65 =125

⑰ 86−39+24 =71

⑱ 46−19−12 =15

⑲ 91−37−28 =26

⑳ 24+49−17 =56

㉑ 97−29−14 =54

㉒ 64+18−56 =26

㉓ 68−59+26 =35

㉔ 72−34+16 =54

㉕ 57−35+48 =70

㉖ 34−16+81 =99

㉗ 43−27+36 =52

㉘ 73+19+16 =108

㉙ 63−18−18 =27

㉚ 38+52−36 =54

㉛ 80+13−87 =6

㉜ 67+14−28 =53

㉝ 19+27+36 =82

㉞ 83−17+35 =101

㉟ 36+55−47 =44

㊱ 75−58+26 =43

㊲ 47+7+18 =72

㊳ 44−19+26 =51

㊴ 58−15−19 =24

㊵ 91−68+41 =64

여러 가지 방법으로 세기

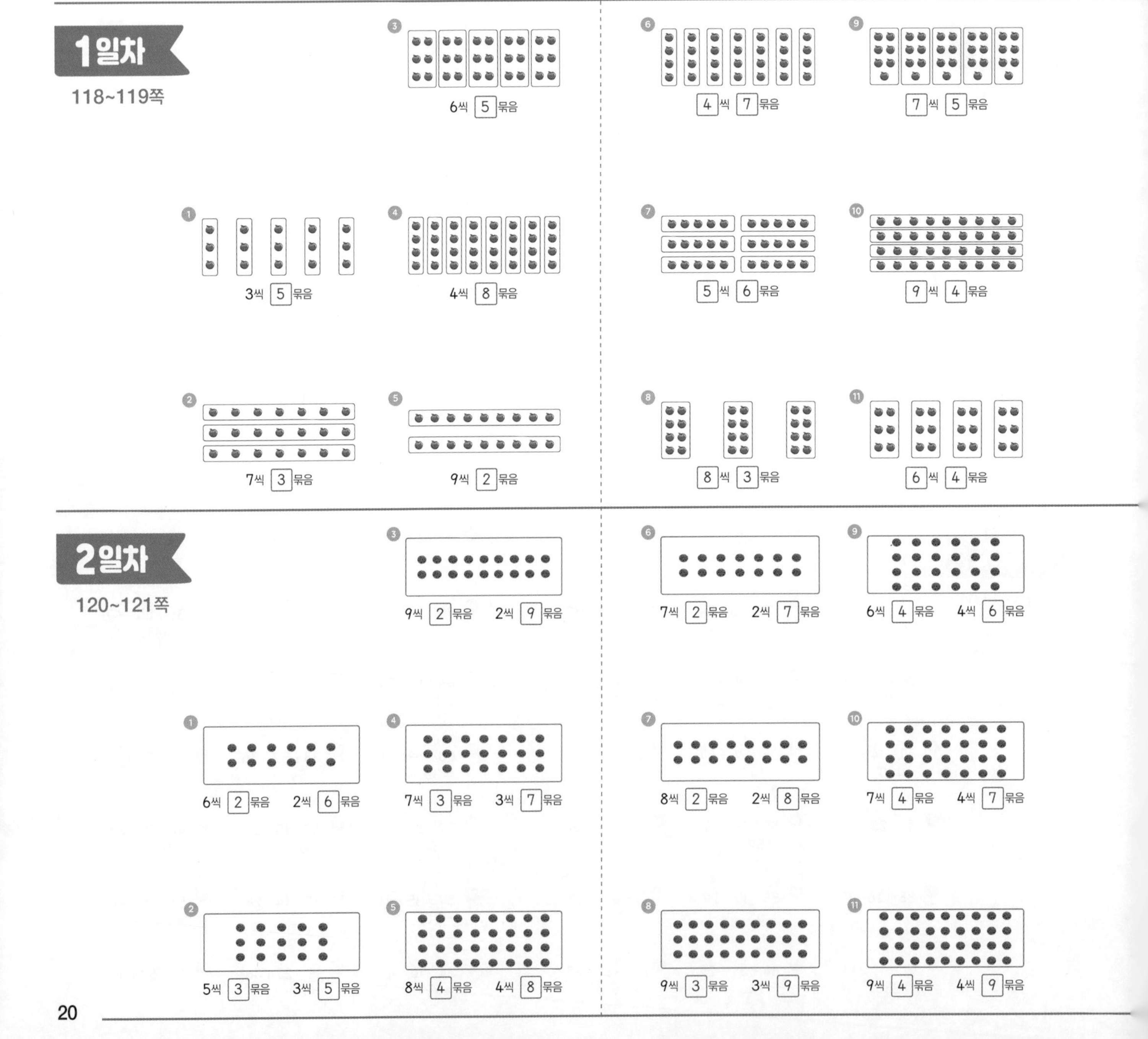
1일차
118~119쪽
① 3씩 5 묶음
② 7씩 3 묶음
③ 6씩 5 묶음
④ 4씩 8 묶음
⑤ 9씩 2 묶음
⑥ 4 씩 7 묶음
⑦ 5 씩 6 묶음
⑧ 8 씩 3 묶음
⑨ 7 씩 5 묶음
⑩ 9 씩 4 묶음
⑪ 6 씩 4 묶음
2일차
120~121쪽
① 6씩 2 묶음 2씩 6 묶음
② 5씩 3 묶음 3씩 5 묶음
③ 9씩 2 묶음 2씩 9 묶음
④ 7씩 3 묶음 3씩 7 묶음
⑤ 8씩 4 묶음 4씩 8 묶음
⑥ 7씩 2 묶음 2씩 7 묶음
⑦ 8씩 2 묶음 2씩 8 묶음
⑧ 9씩 3 묶음 3씩 9 묶음
⑨ 6씩 4 묶음 4씩 6 묶음
⑩ 7씩 4 묶음 4씩 7 묶음
⑪ 9씩 4 묶음 4씩 9 묶음

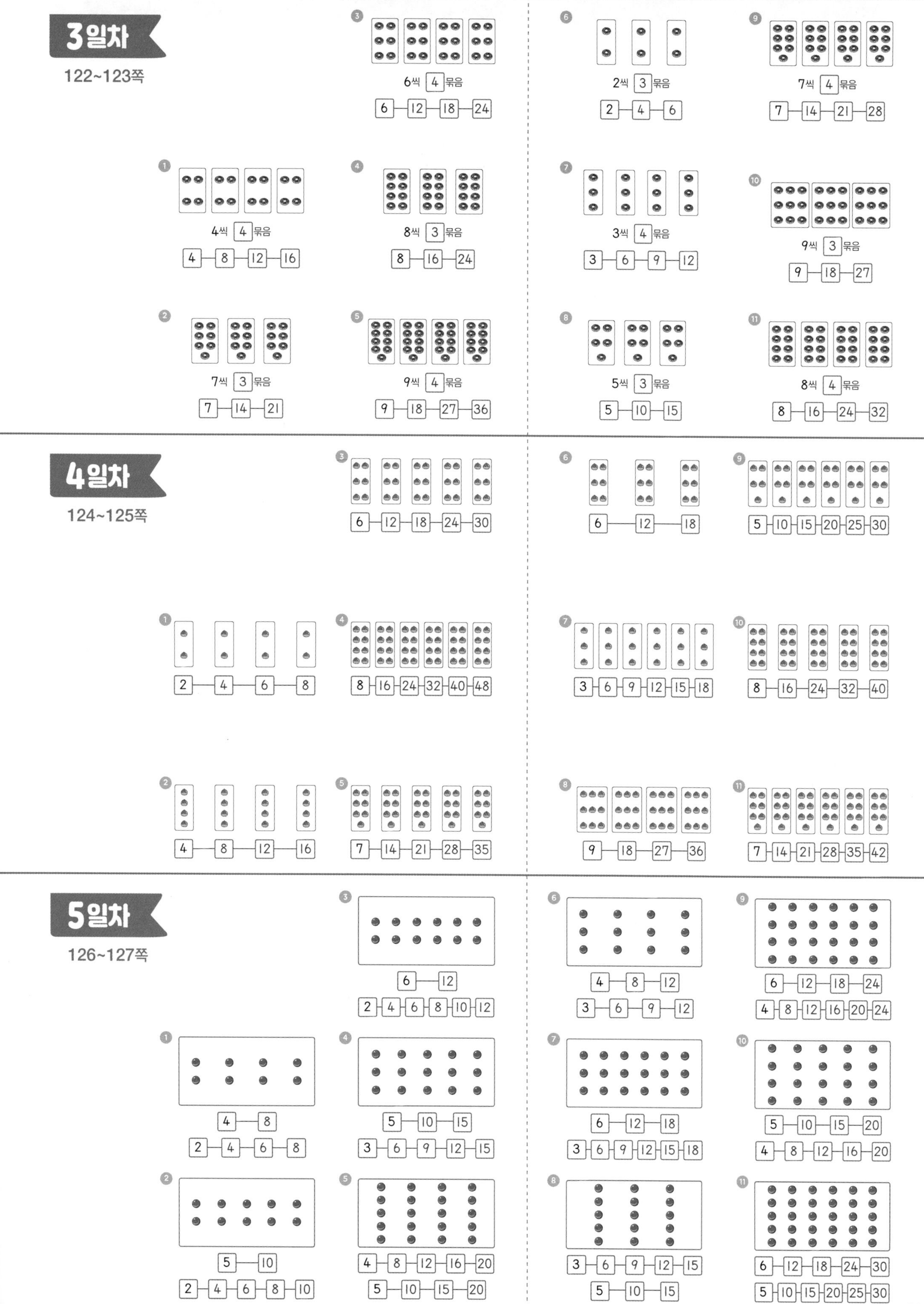
3일차
122~123쪽
❶ 4씩 4 묶음
4 8 12 16
❷ 7씩 3 묶음
7 14 21
❸ 6씩 4 묶음
6 12 18 24
❹ 8씩 3 묶음
8 16 24
❺ 9씩 4 묶음
9 18 27 36
❻ 2씩 3 묶음
2 4 6
❼ 3씩 4 묶음
3 6 9 12
❽ 5씩 3 묶음
5 10 15
❾ 7씩 4 묶음
7 14 21 28
❿ 9씩 3 묶음
9 18 27
⓫ 8씩 4 묶음
8 16 24 32
4일차
124~125쪽
❶ 2 4 6 8
❷ 4 8 12 16
❸ 6 12 18 24 30
❹ 8 16 24 32 40 48
❺ 7 14 21 28 35
❻ 6 12 18
❼ 3 6 9 12 15 18
❽ 9 18 27 36
❾ 5 10 15 20 25 30
❿ 8 16 24 32 40
⓫ 7 14 21 28 35 42
5일차
126~127쪽
❶ 4 8
2 4 6 8
❷ 5 10
2 4 6 8 10
❸ 6 12
2 4 6 8 10 12
❹ 5 10 15
3 6 9 12 15
❺ 4 8 12 16 20
5 10 15 20
❻ 4 8 12
3 6 9 12
❼ 6 12 18
3 6 9 12 15 18
❽ 3 6 9 12 15
5 10 15
❾ 6 12 18 24
4 8 12 16 20 24
❿ 5 10 15 20
4 8 12 16 20
⓫ 6 12 18 24 30
5 10 15 20 25 30

연산 11차시

곱셈식 알아보기

1일차

130~131쪽

1. 8의 3배 → 8+8+8 → [8]×[3]
2. 9의 2배 → 9+9 → [9]×[2]
3. 6의 5배 → 6+6+6+6+6 → [6]×[5]
4. 5의 6배 → 5+5+5+5+5+5 → [5]×[6]
5. 4의 7배 → 4+4+4+4+4+4+4 → [4]×[7]
6. 3의 8배 → 3+3+3+3+3+3+3+3 → [3]×[8]
7. 2의 9배 → 2+2+2+2+2+2+2+2+2 → [2]×[9]
8. 4의 8배 → 4+4+4+4+4+4+4+4 → [4]×[8]
9. 2의 6배 → 2+2+2+2+2+2 → [2]×[6]
10. 3의 2배 → 3+3 → [3]×[2]
11. 6의 3배 → 6+6+[6] → [6]×[3]
12. 5의 8배 → 5+5+5+5+5+5+5+[5] → [5]×[8]
13. 4의 4배 → 4+4+4+[4] → [4]×[4]
14. 7의 3배 → 7+7+[7] → [7]×[3]
15. 8의 5배 → 8+8+8+8+[8] → [8]×[5]
16. 5의 9배 → 5+5+5+5+5+5+5+5+[5] → [5]×[9]
17. 9의 6배 → 9+9+9+9+[9]+[9] → [9]×[6]
18. 8의 7배 → 8+8+8+8+8+[8]+[8] → [8]×[7]
19. 9의 4배 → [9]+[9]+[9]+[9] → [9]×[4]

2일차

132~133쪽

1. 2+2+2=2×[3]
2. 3+3+3+3=3×[4]
3. 5+5+5+5+5+5=5×[6]
4. 6+6+6+6+6+6+6+6=6×[8]
5. 7+7+7+7+7+7+7=7×[7]
6. 4+4+4+4+4=4×[5]
7. 2+2+2+2+2+2+2=2×[7]
8. 8+8+8+8+8+8+8+8=8×[8]
9. 9+9+9+9+9+9=9×[6]
10. 7+7=[7]×[2]
11. 6+6+6=[6]×[3]
12. 2+2+2+2+2=[2]×[5]
13. 3+3+3+3+3+3+3=[3]×[7]
14. 9+9+9+9+9=[9]×[5]
15. 8+8+8+8+8+8=[8]×[6]
16. 5+5+5+5+5+5+5+5=[5]×[8]
17. 7+7+7+7+7+7=[7]×[6]
18. 4+4+4+4+4+4+4=[4]×[7]
19. 8+8+8+8+8+8+8+8+8=[8]×[9]

3일차

134~135쪽

❶ 6+6=[12]
→ 6×[2]=[12]

❷ 3+3+3+3=[12]
→ 3×[4]=[12]

❸ 5+5+5+5+5+5=[30]
→ 5×[6]=[30]

❹ 2+2+2+2+2=[10]
→ 2×[5]=[10]

❺ 7+7+7+7=[28]
→ 7×[4]=[28]

❻ 8+8+8+8+8=[40]
→ 8×[5]=[40]

❼ 9+9+9=[27]
→ 9×[3]=[27]

❽ 3+3=[6]
→ 3×[2]=[6]

❾ 4+4+4=[12]
→ 4×[3]=[12]

❿ 6+6+6+6=[24]
→ 6×[4]=[24]

⓫ 7+7+7+7+7=[35]
→ 7×[5]=[35]

⓬ 7+7=[14]
→ [7]×[2]=[14]

⓭ 5+5+5+5+5=[25]
→ [5]×[5]=[25]

⓮ 9+9+9+9=[36]
→ [9]×[4]=[36]

⓯ 8+8+8+8=[32]
→ [8]×[4]=[32]

4일차

136~137쪽

❶

3×1	3×2	3×3	3×4	3×5

❷

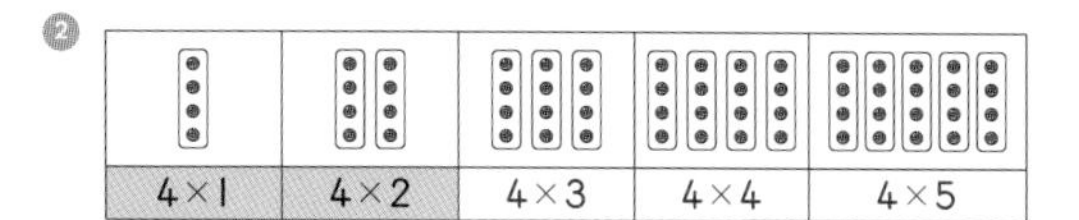

4×1	4×2	4×3	4×4	4×5

❸

6×1	6×2	6×3	6×4	6×5

❹

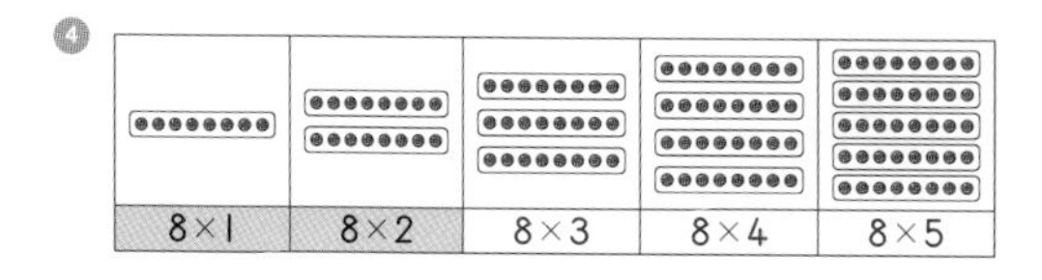

8×1	8×2	8×3	8×4	8×5

❺

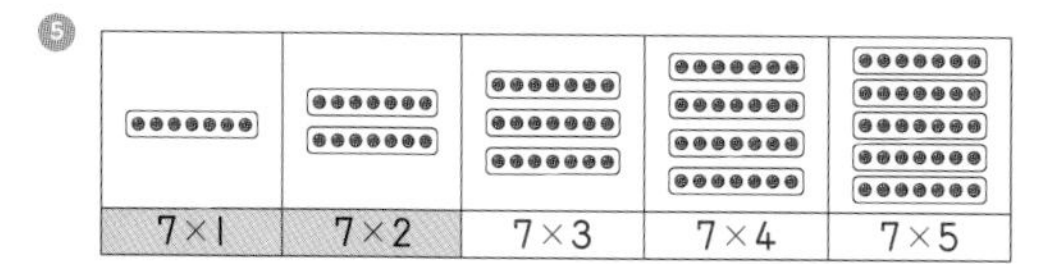

7×1	7×2	7×3	7×4	7×5

❻

9×1	9×2	9×3	9×4	9×5

❼

2×5	2×6	2×7	2×8	2×9

5일차

138~139쪽

❶ 0 2 4 6 8 10 12
2×[6]=[12]

❷ 0 3 6 9 12 15
3×[5]=[15]

❸ 0 4 8 12 16 20 24 28 32
4×[8]=[32]

❹ 0 3 6 9 12 15 18 21
3×[7]=[21]

❺

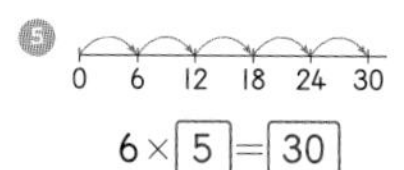

0 6 12 18 24 30
6×[5]=[30]

❻ 0 7 14 21 28 35 42 49 56
7×[8]=[56]

❼ 0 8 16 24 32 40 48
8×[6]=[48]

❽ 0 2 4 6 8 10 12 14 16 18
2×[9]=[18]

❾ 0 5 10 15 20 25
5×[5]=[25]

❿ 0 6 12 18
6×[3]=[18]

⓫

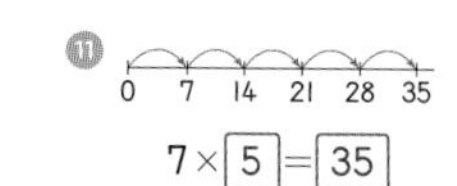

0 7 14 21 28 35
7×[5]=[35]

⓬ 0 4 8 12 16 20
4×[5]=[20]

⓭

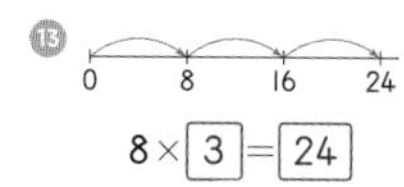

0 8 16 24
8×[3]=[24]

⓮

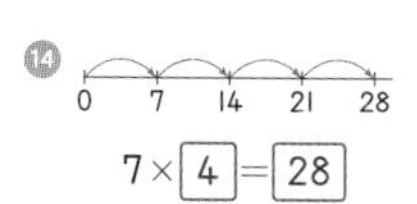

0 7 14 21 28
7×[4]=[28]

⓯ 0 6 12 18 24 30 36 42
6×[7]=[42]

연산 12차시

곱셈식으로 나타내기

1일차

142~143쪽

① 3씩 4 묶음 → 3×4=12

② 5씩 3 묶음 → 5×3=15

③ 6씩 4 묶음 → 6×4=24

④ 8씩 2 묶음 → 8×2=16

⑤ 9씩 4 묶음 → 9×4=36

⑥ 2씩 7 묶음 → 2×7=14

⑦ 7씩 3 묶음 → 7×3=21

⑧ 9씩 2 묶음 → 9×2=18

⑨ 8씩 6 묶음 → 8×6=48

⑩ 6씩 5 묶음 → 6×5=30

⑪ 4씩 9 묶음 → 4×9=36

2일차

144~145쪽

① 7×2=14

②
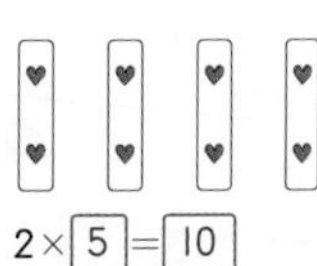
2×5=10

③ 5×7=35

④ 6×9=54

⑤ 8×5=40

⑥ 3×7=21

⑦ 4×4=16

⑧ 7×6=42

⑨ 5×4=20

⑩
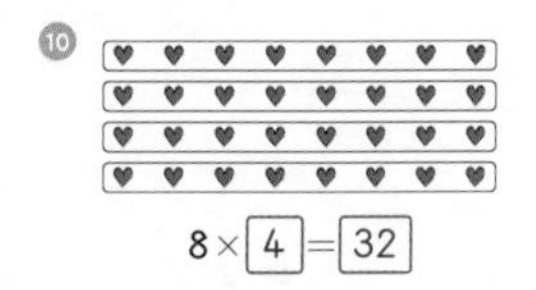
8×4=32

⑪
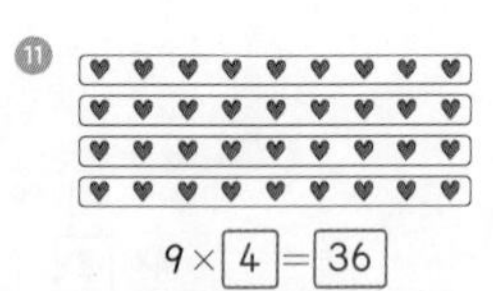
9×4=36

3일차
146~147쪽

1. 2 × 3 = 6
2. 8 × 2 = 16
3. 9 × 3 = 27
4. 7 × 4 = 28
5. 6 × 5 = 30
6. 2 × 6 = 12
7. 6 × 4 = 24
8. 7 × 3 = 21
9. 3 × 5 = 15
10. 8 × 5 = 40
11. 9 × 4 = 36

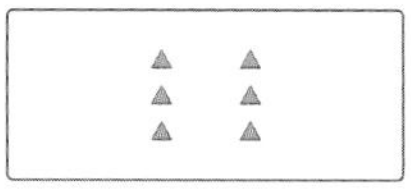

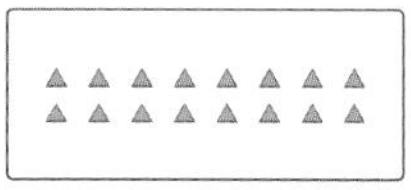

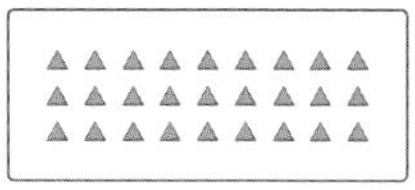

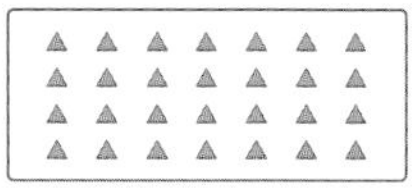

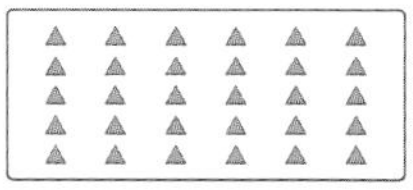

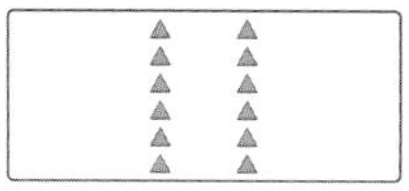

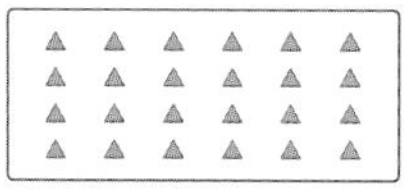

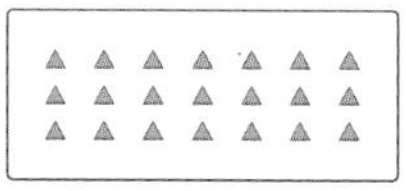

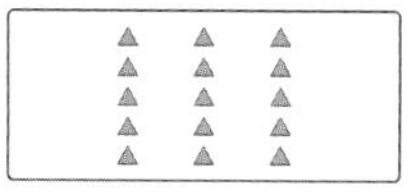

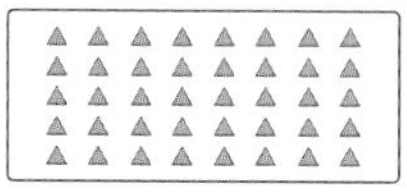

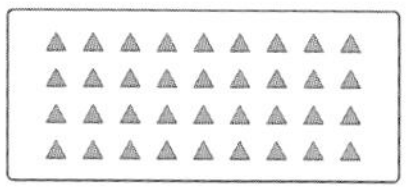

4일차
148~149쪽

1. 5 × 2 = 10, 2 × 5 = 10
2. 6 × 3 = 18, 3 × 6 = 18
3. 7 × 4 = 28, 4 × 7 = 28
4. 9 × 2 = 18, 2 × 9 = 18
5. 8 × 3 = 24, 3 × 8 = 24
6. 7 × 2 = 14, 2 × 7 = 14
7. 4 × 2 = 8, 2 × 4 = 8
8. 6 × 4 = 24, 4 × 6 = 24
9. 9 × 3 = 27, 3 × 9 = 27
10. 8 × 2 = 16, 2 × 8 = 16
11. 7 × 3 = 21, 3 × 7 = 21

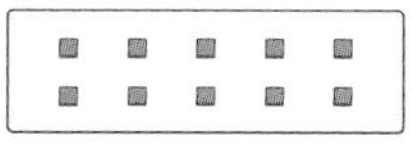

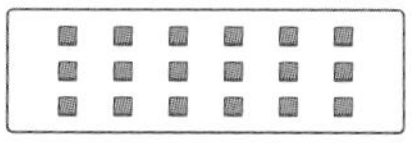

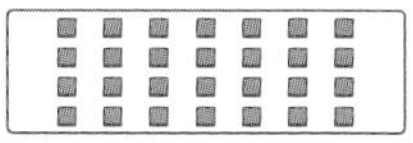

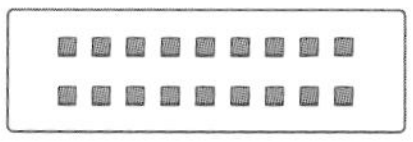

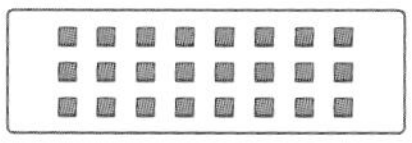

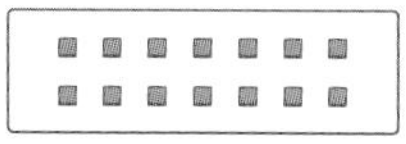

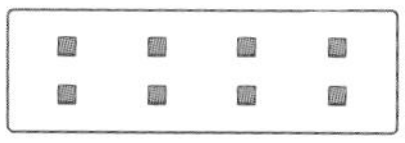

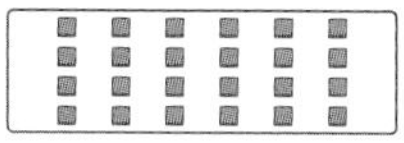

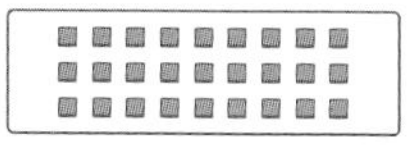

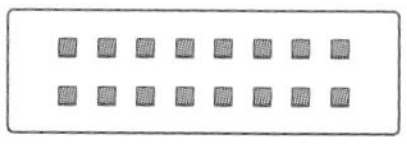

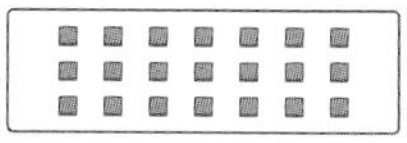

5일차
150~151쪽

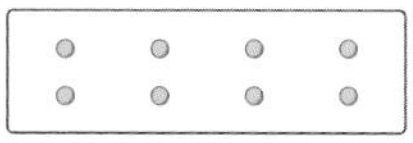

1. 2 × 4 = 8, 4 × 2 = 8
2. 3 × 5 = 15, 5 × 3 = 15
3. 3 × 4 = 12, 4 × 3 = 12
4. 4 × 5 = 20, 5 × 4 = 20
5. 2 × 8 = 16, 8 × 2 = 16
6. 2 × 8 = 16, 4 × 4 = 16, 8 × 2 = 16
7. 2 × 9 = 18, 3 × 6 = 18, 6 × 3 = 18, 9 × 2 = 18
8. 4 × 9 = 36, 6 × 6 = 36, 9 × 4 = 36
9. 3 × 8 = 24, 4 × 6 = 24, 6 × 4 = 24, 8 × 3 = 24

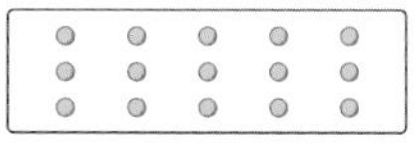

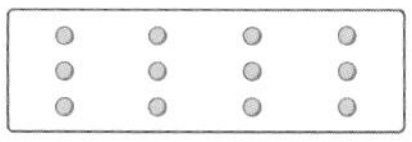

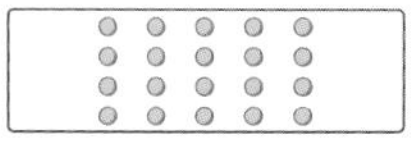

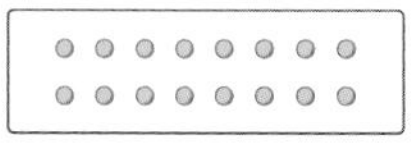

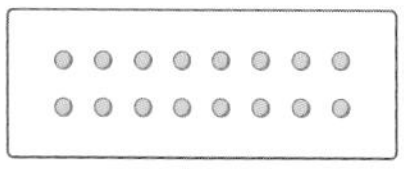

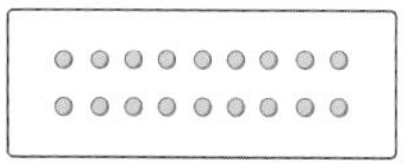

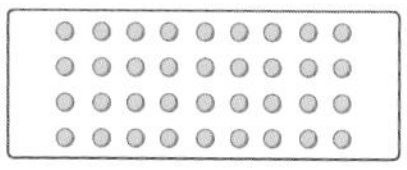

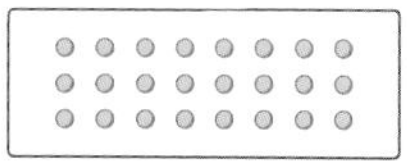

EBS